為什麼只有地球能住人？

因為土壤、空氣、火和水

馬克·布列克 𝒜𝒩𝒟 布蘭登·柯尼
◎合著

作者
馬克·布列克

馬克為作家、廣播節目主持人、科學傳播者，以及科學傳播學教授，亦曾擔任美國航太總署（NASA）天文生物學研究所會員，同時也是歐洲科學傳播聯盟學者。馬克也會隨著文學及科學的活動巡迴演說。

顧問
麥克·高登斯密博士

麥克為研究科學家及科學作家，擁有英國基爾大學的天體物理學博士學位，還曾為英國國家物理實驗室聲學主任。其兒童和成人科普相關著作超過40本。

插畫家
布蘭登·柯尼

布蘭登大學時主修建築系，但後來發現自己不太喜歡尺規，所以他把自己的尺規和皮尺全部丟掉開始畫畫。現在的他是一名童書插畫家！他沒畫畫的時候喜歡演奏吉他或斑鳩琴。

IQUP 021

為什麼只有地球能住人？
因為土壤、空氣、火和水
The Big Earth Book

作　　者｜馬克‧布列克（Mark Brake）
插　　畫｜布蘭登‧柯尼（Brendan Kearney）
顧　　問｜麥克‧高登斯密博士（Dr Mike Goldsmith）
譯　　者｜范雅婷

責任編輯｜陳品蓉
文字校對｜陳品蓉、翁桂涵
封面設計｜季曉彤
美術設計｜黃偵瑜

負 責 人｜陳銘民
發 行 所｜晨星出版有限公司
　　　　　行政院新聞局局版台業字第2500 號
地　　址｜台中市407 工業區30 路1 號
電　　話｜04-2359-5820
傳　　眞｜04-2355-0581
E m a i l｜service@morningstar.com.tw
網　　址｜www.morningstar.com.tw
法律顧問｜陳思成律師
郵政劃撥｜22326758 晨星出版有限公司
讀者服務專線｜04-2359-5819#230

承　　製｜知己圖書股份有限公司
印　　刷｜上好印刷股份有限公司

初　　版｜2019年03月01 日
再　　版｜2020年12月30 日（二刷）
定　　價｜新台幣1000元
特　　價｜新台幣690元

ISBN 978-986-443-842-6

國家圖書館出版品預行編目資料

為什麼只有地球能住人？因為土壤、空氣、火
和水／馬克‧布列克（Mark Brake）著；布蘭
登‧柯尼（Brendan Kearney）繪；范雅婷譯.
臺中市：晨星，2019.03
　面；　公分. --（IQUP；021）
譯自：The Big Earth Book
ISBN 978-986-443-842-6（精裝）
CIP 350 / 108000060

為什麼只有地球能住人？

因為土壤、空氣、火和水

馬克‧布列克 AND 布蘭登‧柯尼

◎合著

晨星出版

目次

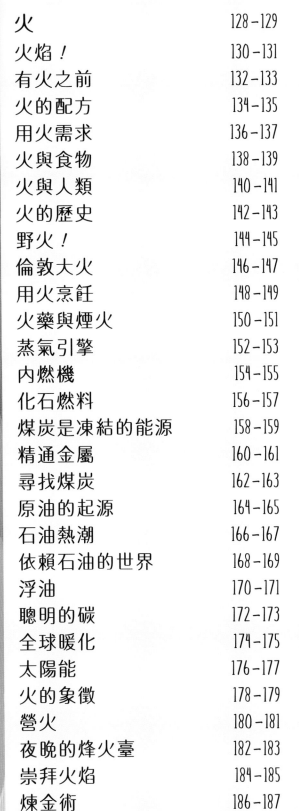

本書主要介紹地球的歷史：地球如何成形、如何孕育出像你和我一樣的各種生物！地球是個獨特又神奇的地方，它存在幾十億年多了，一起探索這本書並跟著我們體驗一趟刺激旅程，瞭解宇宙中最奇妙的地球吧！

本書分成四章節：土壤、空氣、火與水。這四個元素組成了地球，我們用四個不同章節訴說地球的故事。古希臘人認為世界上所有的事物都是由這四種元素組成，雖然它們很重要，但是現今我們所瞭解的地球和地球上的一切，其實是由118種不同的化學元素所組成（像是碳、氧、鐵），它們組合成一張化學元素表。

透過古希臘人相信的四個基本元素，我們訴說出地球所擁有的無窮潛力，這本故事書用歷史、科學、地理與環境解釋地球如何成形，人類如何出現在地球上，以及未來可能出現的變化。

神奇四元素

從書中找出四種元素的角色，
它們會為你補充
額外的實例和有趣知識。

土壤

「土壤」一字來自於
盎格魯撒克遜語的
「Erda」，
字義為地面或泥土，
我們的星球也稱為
地球（Earth）。

空氣

空氣由覆蓋地球的
不同氣體所組成，
大氣層可高達1萬公里。

火

火是一種化學反應，
可產生熱能和光。
地球是我們所知道
唯一有火存在的星球。

水

水無所不在！
覆蓋了地球70%的部分，
多存在於鹹水海洋中，
剩下的部分
可在冰和淡水中找到。

粗體標示字在字詞釋義
（第248至250頁）中
會加以說明。

（土壤）

EARTH

我們介紹的四種元素中，古希臘人相信土壤和乾燥度、寒冷程度及重量有關。如果要瞭解這項元素，就需要從地下的岩石、化石、泥土和植物，以及人類看起，我們就跟地球上所有事物一樣，都由同樣的物質組成。

如果要知道和土壤元素相關的一切，我們就必須瞭解星球如何運行……這說來有點複雜，土壤的英文為「earth」，地球的英文也是「earth」！為了區分「土壤」元素和星球「地球」，首字為大寫「E」，即是用來表示我們所居住的「地球（Earth）」。

地球如何成形

地球是圍繞著巨大行星「太陽」的八個行星之一，太陽母星和行星家族一起稱為太陽系。在太陽系中有兩種行星——固態行星和氣態行星，或稱為類地行星和類木行星！主要差別在於：像是地球和火星這類有陸地存在的固態類地行星，太空梭可降落在地表；而土星和木星則是氣態類木行星，沒有固體陸地，且絕大部分由**氣體**組成。固態行星在靠近太陽的地方成形，氣態行星離太陽較遠，在太陽系外部寒冷的地方成形。

不斷繞圈圈的太陽系

太陽系成形於45億多年以前，起初它曾是巨大、漩渦碟狀的星雲。雲層由微粒所組成，它們緩慢地沿著太陽打轉，然後在**地心引力**的作用下（只要有微粒的地方就會生效），氣體和沙塵微粒緩慢凝聚成星團，接著逐漸變成由岩石碎片、沙塵和微粒組成的微行星。這些星團就是早期的小行星，然後小行星彼此反覆撞擊，變得越來越大，直到它們成為今日所熟知的行星，地球也是其一。

地球

雖然地球和氣態巨行星相比起來相當渺小，但是它的裡裡外外卻發生過不少事！它在距離太陽1.5億公里外的地方公轉，大約一年（或約365天）轉一圈。

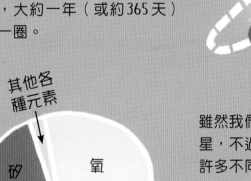

其他各種元素

矽

氧

鎂

鐵

雖然我們說地球是「固態」行星，不過我們的地球其實是由許多不同的**元素**所組成，有些為**固體**，有些則是氣體，這些元素其中包含了鐵（32%）、**氧**（30%）、矽（15%）、鎂（14%），以及少量其他常見的**化學元素**。

46億年前
氣體和塵埃凝聚成漩渦碟狀的星雲，演變為地球和其他太陽系中的行星。

45億年前
沉重的金屬沉入地球中心成為地球核心；外層冷卻後受到壓力變成地球地表。

44億年前
地球表面的火山釋出水蒸氣到**大氣層**，水蒸氣冷卻後凝結落下成為雨滴，並演變成最初的海洋。

地殼結構

地層

從好幾百萬年前開始，地球的地殼受到許多彗星與小行星的撞擊，使得地球內部具有**放射性輻射**的**物質**釋出龐大的熱能，讓地球處於**熔融**的**液體**狀態，加上漂浮在四周的其他物質，受到地心引力的影響，使高**密度**物質沉到地心，密度較低的輕物質則維持在地殼表層。當地球將熱能發散至太空時，地球內部的物質也從液態逐漸變成固態，最後我們的星球就成為現在的固態及具有地層結構的模樣。

地函

地函（又稱地幔）是直接位於地殼下的地層，地函比地殼來得更厚，厚度大約有 3,000 公里。地函分為數層，大部分由矽、氧和重化學元素鎂所組成。

我們如何知道這些資訊？

我們之所以瞭解地球結構，不是透過挖掘地表，而是從解讀地震數據而來。當大型地震發生時，稱為震波的波長穿透地球內部，震波傳達時會彎曲，如光線穿透水的時候會折射光線一般。震波速度依據地球內部的密度有所差異，透過解讀地震速度，我們可以得知地球內部構造，以及哪些地層的密度最高。第 26 頁可閱讀更多關於地震的知識。

地核

地球的地核主要由液態鐵和鎳所組成，且介於攝氏 5,000 ～ 6,000 度之間。位於地球正中央的地核內部最炙熱，在這種深度之下的壓力很大，使得地核內部成為固態。地核外部則為位於地函之下的液體層。

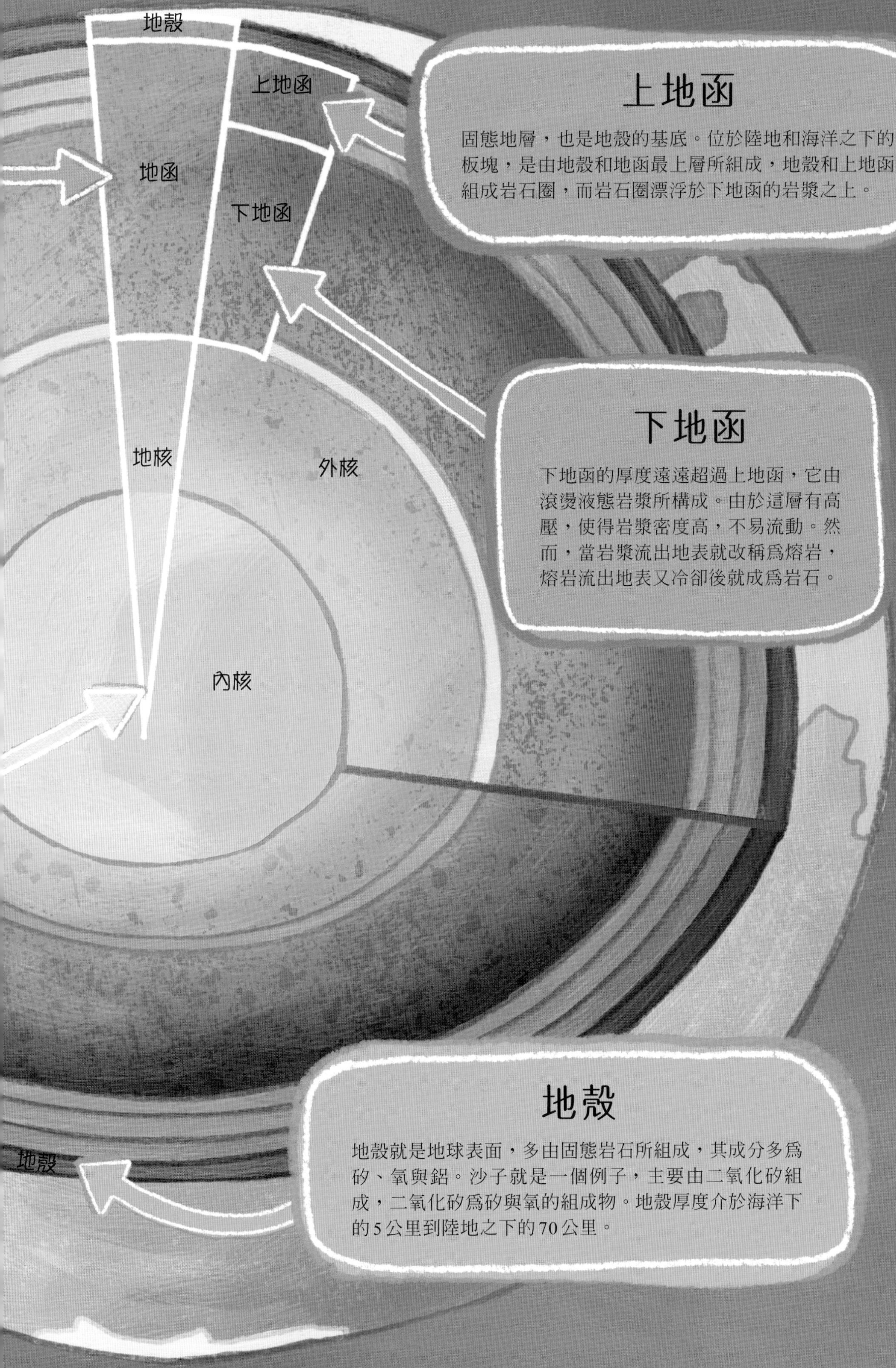

地殼

上地函

地函

下地函

地核

外核

內核

地殼

上地函

固態地層，也是地殼的基底。位於陸地和海洋之下的板塊，是由地殼和地函最上層所組成，地殼和上地函組成岩石圈，而岩石圈漂浮於下地函的岩漿之上。

下地函

下地函的厚度遠遠超過上地函，它由滾燙液態岩漿所構成。由於這層有高壓，使得岩漿密度高，不易流動。然而，當岩漿流出地表就改稱為熔岩，熔岩流出地表又冷卻後就成為岩石。

地殼

地殼就是地球表面，多由固態岩石所組成，其成分多為矽、氧與鋁。沙子就是一個例子，主要由二氧化矽組成，二氧化矽為矽與氧的組成物。地殼厚度介於海洋下的5公里到陸地之下的70公里。

地殼演化

你曾經仔細看過世界地圖，並注意到南美洲東岸和非洲西岸幾乎就像拼圖一樣吻合嗎？在1912年時，一位名為阿爾弗雷德·韋格納的德國科學家也發現了這塊拼圖。他對此感到十分好奇，然後在腦中推演了一遍，如果讓陸地或是大陸板塊橫跨海域，使板塊恢復到初始狀態，地球看起來會是如何？阿爾弗雷德想出了一個答案，大陸板塊曾經是連結在一起的超級大陸，他將這片板塊稱為盤古大陸。為了方便瞭解地球數百萬年前的狀態，科學家使用地質年代瞭解事件發生的時間順序。

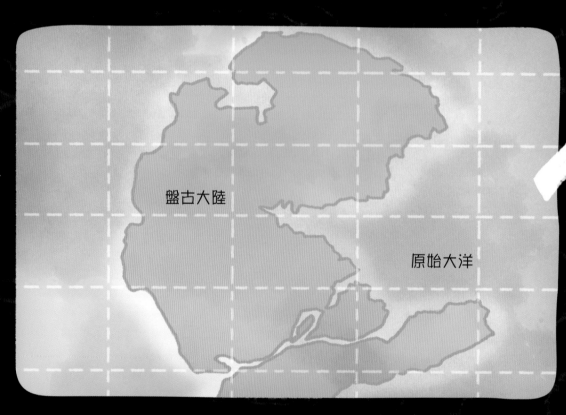

二疊紀，
2億2千5百萬年前

盤古大陸在形成為一整個超級大陸之前，曾經作為數個板塊一起漂移著。盤古大陸的聚合狀態存在了1億年，接著再次分裂。

盤古大陸

原始大洋

非洲大陸

南美洲
大陸

中龍化石範圍

盤古大陸

研究盤古大陸的科學家發現，現今由廣大海域分隔的國家中，可以找到相似的岩石和化石。舉例來說，在南美洲南方和非洲南方都發現了存活於數百萬年前的一種爬蟲類中龍。阿爾弗雷德深信為超級大陸狀態的盤古大陸，四面被一片海域包圍，即原始大洋。

漂移或板塊？

科學家認同阿爾弗雷德‧韋格納的盤古大陸想法，但是卻不喜歡阿爾弗雷德所提出的板塊漂移說。在發現大陸板塊後，板塊漂移說隨即被取代了。這些板塊稱為地殼板塊，有些厚達200公里。地殼與上地函組成岩石圈，而岩石圈漂浮於下地函的岩漿之上。因為板塊的構造運動，解釋了目前大陸板塊的形狀和位置。

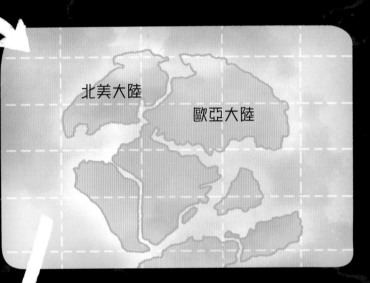

三疊紀，
2億年前

盤古大陸逐漸分裂為兩大陸塊，
其一為勞亞古陸，約等同今日的北半球；
另一片陸塊則為岡瓦納古陸，
約等同今日的南半球。

侏儸紀，
1億5千萬年前

侏儸紀時期，
勞亞古陸慢慢分裂成為
北美和歐亞大陸。

白堊紀，
6,500萬年前

白堊紀時期，
岡瓦納古陸分裂成：
非洲、南極洲、澳洲和南美洲大陸，
其中一些板塊在脫離時稍稍移轉了方位。

現今的板塊

板塊逐漸成形，成為今日所知的世界地圖，
不過，這樣的現狀能維持多久呢？
科學家認為非洲有逐漸向南歐靠攏的趨勢，
而澳洲可能會跟東南亞互相碰撞。
這樣一來將形成新的超級大陸，
不過這還要等上2.5億年後才會發生！

板塊構造學

試想一下，如果地表為一張大拼圖，這些大陸板塊的拼圖片在盤古大陸時期移動到地球的另一端。我們知道地表之下是板塊，也知道厚度不一的板塊組成了部分的岩石圈，而岩石圈漂浮於地球下地函的上方，但是有什麼證據可以告訴我們這些推論為真呢？這項領域的研究就稱為板塊構造學。

海洋下的結構

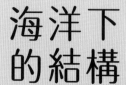

構成海洋板塊的岩石有其特殊的排列方式，並於岩石成形時就已定型。不過這些排列方式並非如出一轍，有些岩層和其他岩層不同，這也表示岩石和大陸板塊曾經移動過。

當科學家描繪出海床後，發現海床的年代不如預期中久遠，而且海床中竟然藏著山脈！而山脈兩側的岩層呈現對稱的排列方式。

科學家從研究岩層排列方式和海底山脈中，歸納出海床延展的想法。當大陸板塊稍微移動時會形成裂縫，岩漿就會從地殼流出，並分離了海床！岩漿生成新海床，這也解釋了為何海床的年代並不古老。當新海床生成後，舊海床便會下沉至海溝，消失在地殼的某一處！

板塊移動的證據

19 世紀時，科學家開始找尋化石遺跡，並注意到一件有趣的現象。化石顯示出地球現已滅絕的**物種**，這些物種的原生**棲息地**與找到化石的地點相距甚遠，科學家在沙漠中央的山頂上，竟然發現了已經滅絕的一種海底生物！有岩層包覆的化石是如何從地球的一端移動到另一端呢？科學家們推斷化石岩層可能在某個時期沒入地殼，並在地殼造山運動時又被推擠上來。

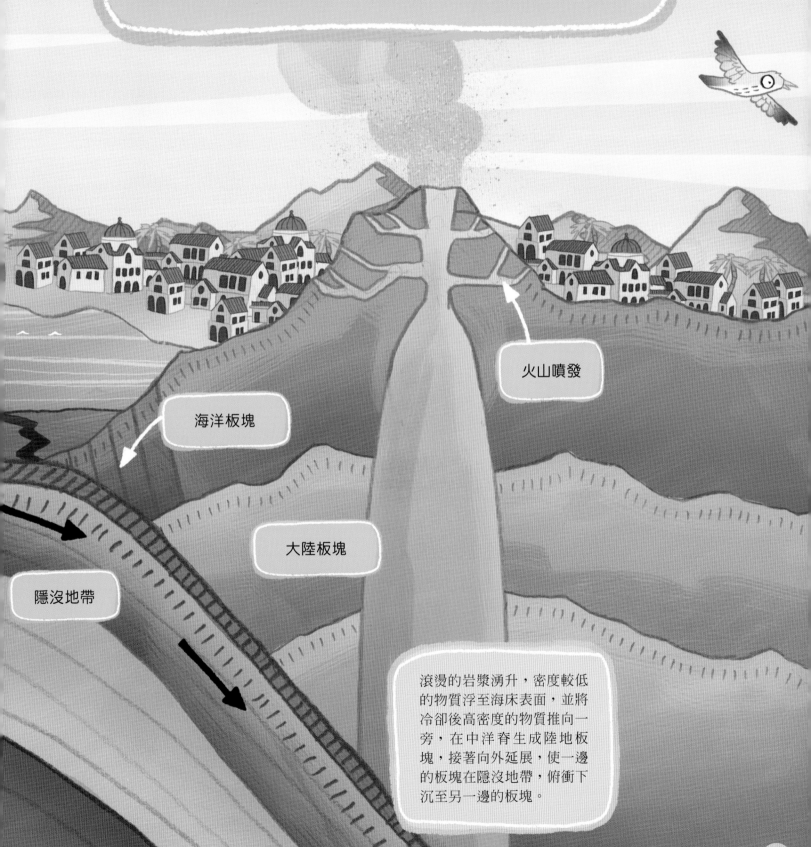

火山噴發

海洋板塊

大陸板塊

隱沒地帶

滾燙的岩漿湧升，密度較低的物質浮至海床表面，並將冷卻後高密度的物質推向一旁，在中洋脊生成陸地板塊，接著向外延展，使一邊的板塊在隱沒地帶，俯衝下沉至另一邊的板塊。

岩石！

想像一下，身處於超級炎熱的沙漠之中，觸目所及，只有綿延不絕的一座座沙丘，再想像伸出雙手往下挖，捧住金黃色沙粒的感覺。沙漠由小小沙粒所組成，如果你將這些沙粒緊密壓在一起，受到高壓的沙粒就會連結變成岩石，而岩石的主要種類又分成三種：沉積岩、火成岩和變質岩。

火成岩

地球內部的熱度足以將岩石變成熔融的液體，又稱為岩漿。當岩漿噴發流出地球表面時，就成為了熔岩，熔岩冷卻定型後就是由結晶所組成的火成岩。結晶沒有固定的排列模式，如果岩漿迅速冷卻，就會變成像玄武岩的小結晶體；如果熔岩凝固較慢，就會變成像花崗岩的大結晶體。

變質岩

變質岩是由沉積岩或火成岩而來，受溫度或壓力影響，產生了變化（或變質）。由於受到地球的變動影響，使得岩石處於高溫或高壓環境中。雖然這不會使岩石融為液體，但是其組成的化學結晶會產生變化。當沉積岩快要變成熔岩或岩漿時，就可能形成變質岩。簡單來說，變質岩因受熱而改變結構！

5.某些沉積岩融化成岩漿，而岩漿則重組為火成岩。

6.當沉積岩和火成岩在高溫或高壓下時，就會變成變質岩。

岩石的循環

三種岩石會持續改變型態，然後進入我們熟知的岩石循環。

1.風化作用，由水或風造成地表岩石慢慢分解。

2.分解後的岩石碎片被水沖刷成更小的顆粒。

3.岩石顆粒沉積於湖底或海中，並漸漸堆積成砂層。

4.砂層因高壓變成沉積岩。

沉積岩

當岩石分解成砂礫，就會被河流沖到湖底或海中，接著砂礫會慢慢沉澱到水底形成砂層，稱為沉積層。上層新沉積物的重量將舊沉積物壓到底層，將水分擠出後，即形成了結晶。這些結晶體會產生膠結，將岩石連結在一起成為沉積岩。

土壤剖面層

你的腳下其實藏著一道彩虹！只要挖開一層層的土壤，就會發現土層帶著血紅與炭黑的顏色，其他則是檸檬黃和雪白的夾層。土壤顏色由各種物質組合而來，其中混合了**礦物質**、許多生物、水、空氣以及植物等的**有機物**。土壤覆蓋了地球地表，有時也稱為「地球的皮膚」，對地球生物而言是不可或缺的要素。

4.土壤是許多動物的家，如土撥鼠、鼴鼠、小鼠，以及菌類和細菌等**有機體**。

土層

每種土都有特性，只要仔細挖掘，你會發現土壤是由數種帶狀土壤組成，這種層次稱為土層。各種土層集結在一起會成為土壤剖面，它述說了仰賴土壤存活的生物在地球上的故事。

A 層（表土層）

表土層是由有機物和礦物質所組成，這層也是多數植物和動物居住的地方。

D層（基岩層）

基岩層由大塊堅硬的岩石組成，如花崗岩、玄武岩、石英岩、石灰岩或砂岩。

土壤的七種功能

土壤對地球來說扮演了七種重要的角色。

1. 土壤影響了周圍的空氣，因爲它會釋出和吸收氣體，如二氧化碳、水蒸氣和甲烷。

2. 人類用土壤當作建築、道路和水壩的材料。

3. 土壤會吸收、保存、改變以及淨化陸地上可見的絕大部分水源。

5. 土壤可以提供植物生長所需的養分。

6. 土壤可以在水滲入岩縫前，過濾並淨化水源。

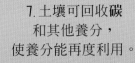

7. 土壤可回收碳和其他養分，使養分能再度利用。

O層（有機物質層）

這層土壤多數由落葉等有機物質所組成。
O層在土壤中可厚可薄，也可能完全不存在。

B層（底土層）

這層大多由黏土和鐵組成，
富含上層土壤沉積的礦物質和有機物質。

C層（母質層）

C層由大塊的岩石組成。
當這些大岩石崩解成小碎塊，就會往上移動成為上方的土層。

只要一茶匙的健康土壤，就會發現裡面有上百萬個細菌！

活著的地球

地球表面存在移動的板塊，我們有時有機會一探板塊底下藏著的東西，這是因為板塊間的海溝會噴發熔岩（即流出地表的岩漿）。岩漿在地表下散發的熱能，導致了板塊運動。板塊運動會造成地震、火山和地熱能源，這也是地球活躍的原因！我們會在第 28 ～ 29 頁瞭解更多熔岩和火山的知識。

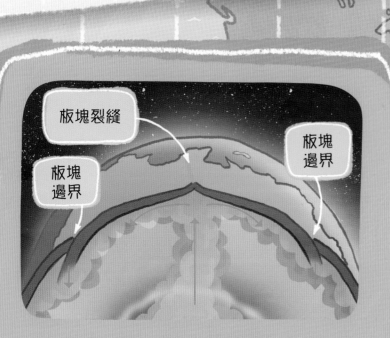

炙熱板塊

當液體加熱時，其中的**分子**會分裂或重組成多個區域與不同的組成模式。在每個區域內，熱物質會從中間上升，當熱物質受到上方空氣影響而冷卻後，就會下降到原本區域的兩旁，這就稱為對流。在地心深處融化的岩漿受地核加熱而擠升至地殼，之後岩漿開始冷卻並朝旁邊延展，等到岩漿冷卻後下沉成為板塊邊界，這項運動就是地殼板塊分離成如今拼圖狀的成因。

圍繞著太平洋海床的一連串裂縫，又稱為環太平洋火山帶，它提醒了人們地殼以下的劇烈活動。

印尼
喀拉喀托火山

印度—
澳洲板塊

地球的板塊構造圖繪製於 20 世紀後半葉。

太平洋
板塊

板塊運動非常緩慢，以致於人類無法注意到它的活動。地球板塊一年只移動 15 公分，也代表板塊運動需要數百萬年的時間才能使陸地移動以及形成山脈。

主要板塊和次要板塊

地核的熱能造就了世界,並將板塊分成七大主要板塊和八個次要板塊。七大主要板塊分別為:非洲板塊、南極洲板塊、歐亞板塊、北美洲板塊、南美洲板塊、印度—澳洲板塊和太平洋板塊。板塊聚合的地方較常有高山、峭壁、山谷、火山和地震。仔細閱讀接下來的頁面,你會瞭解到更多相關知識。

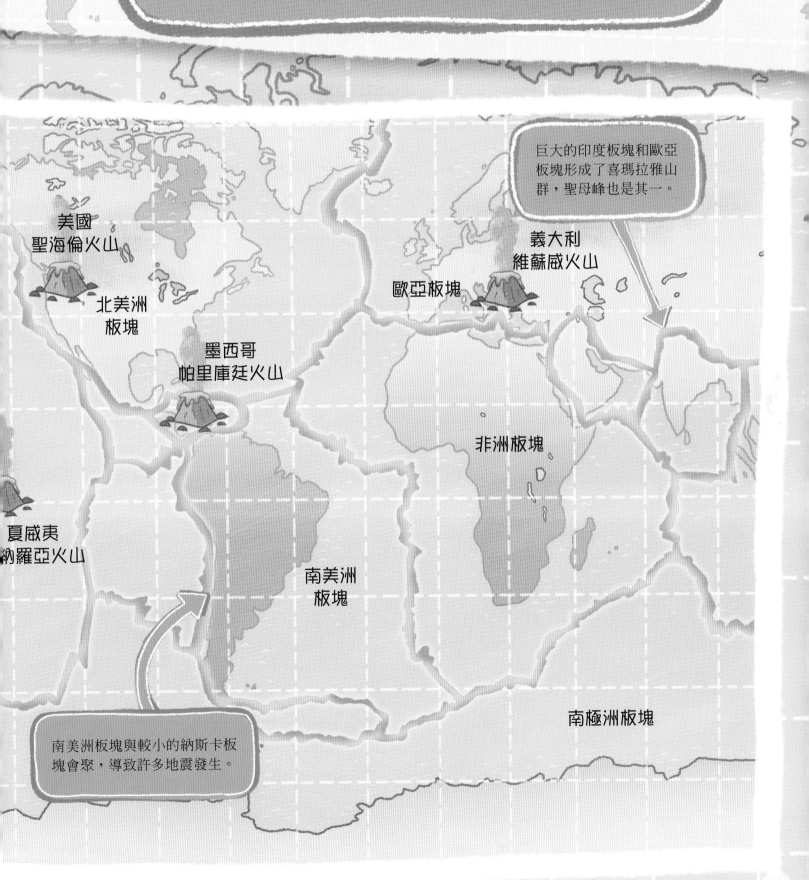

巨大的印度板塊和歐亞板塊形成了喜瑪拉雅山群,聖母峰也是其一。

美國
聖海倫火山

北美洲
板塊

墨西哥
帕里庫廷火山

義大利
維蘇威火山

歐亞板塊

非洲板塊

夏威夷
納羅亞火山

南美洲
板塊

南極洲板塊

南美洲板塊與較小的納斯卡板塊會聚,導致許多地震發生。

斷層與邊界

地球的地殼分裂成如拼圖般可接合在一起的各大板塊，當板塊在某些地方聚合時，就會產生斷層線。而劇烈活動的火山和地震多是沿著斷層線發生的，因為這裡是地表最活躍的地方，這些活動的產生源於板塊邊界運動。

板塊邊界

斷層線環繞全球且包圍了所有大陸，有些綿延長達7萬公里。沿著斷層線可以發現，邊界分成三種類型：聚合、張裂與錯動。在這些邊界上的板塊運動可生成裂谷、火山、高山和地震。冰島的辛格維利爾國家公園中就有兩塊分離板塊因張力緩慢分離，導致部分區域出現了裂谷，公園內還可以讓遊客遊走在兩塊板塊之間。

張裂邊界

張裂邊界又稱「擴張邊界」，兩塊板塊因張力而分離，使得岩漿湧出地表生成新地殼。此型態的邊界多存於海洋之中，如果相同的邊界出現在陸地上則稱為裂谷。東非大裂谷就是個好例子，它位於非洲主要板塊分裂成兩個板塊的地方——索馬里板塊和努比亞板塊之間。不過別高興的太早！這些板塊只以每年7公釐的速度擴張，所以還要等上百萬年才能看到地表分離的景象。

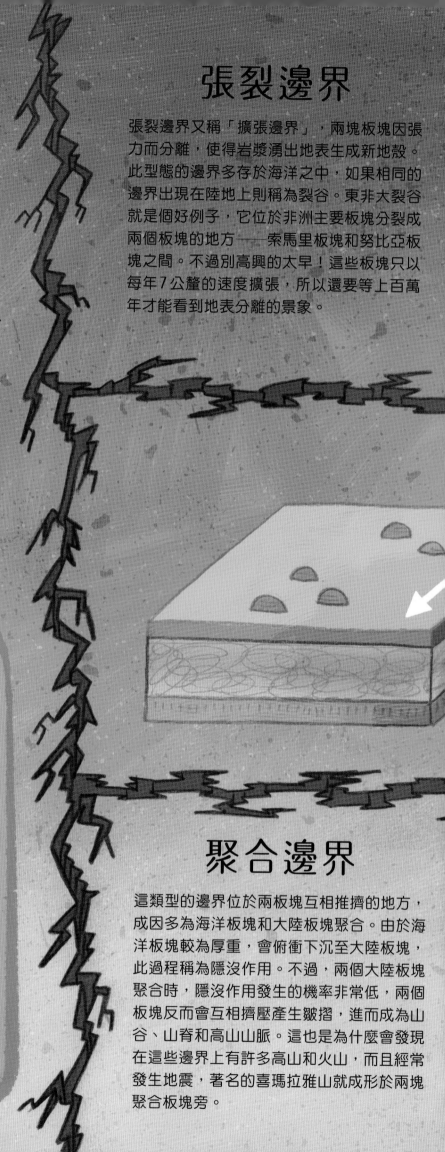

聚合邊界

這類型的邊界位於兩板塊互相推擠的地方，成因多為海洋板塊和大陸板塊聚合。由於海洋板塊較為厚重，會俯衝下沉至大陸板塊，此過程稱為隱沒作用。不過，兩個大陸板塊聚合時，隱沒作用發生的機率非常低，兩個板塊反而會互相擠壓產生皺摺，進而成為山谷、山脊和高山山脈。這也是為什麼會發現在這些邊界上有許多高山和火山，而且經常發生地震，著名的喜瑪拉雅山就成形於兩塊聚合板塊旁。

錯動邊界

錯動邊界即為兩板塊朝相反方向錯移，有時板塊會卡住製造壓力，當壓力獲得釋放後，板塊就會突然移動形成地震。世界上最知名的錯動邊界為位於美國加州的聖安德魯斯斷層。這個邊界發生過許多地震，使得加州的其中一側正緩慢移向北方，這表示洛杉磯市也會慢慢往上，逼近舊金山市，兩個城市約於一千萬年後就會比鄰相依！

地震

在我們強大的地球上會生成一股令人聞之色變的致命力量——地震。而斷層就是它的溫床！地震為穿透地殼的震動，可能因火山爆發或小行星撞擊而觸發，但多數地震是由板塊運動造成的。聚合與錯動邊界將岩層互相推擠造成**摩擦力**。當摩擦力越來越大時，岩層會被固定，直到這股力量突然獲得釋放，接著岩層會往前斷裂，震撼大地。可以翻至第236頁，瞭解地震如何觸發海嘯。

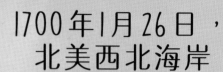

1700年1月26日，北美西北海岸

住在溫哥華島附近的美洲原住民所訴說的故事中，海岸旁的大型社區因1700年大地震而遭到了徹底毀滅，還提到連位於太平洋另一端的日本也感應到地震的後續效應。

住在斷層地帶的人們

自**文明**初期以來，人類就常定居於斷層上，因為這些地區的土壤充滿養分，十分適合種植作物，但是住在斷層地帶其實非常危險，也常有發生地震的風險。位於斷層線上的現代國家，往往會投注時間教育人民如何應變地震發生。在日本，學校教導孩子們要躲在桌子下，並緊抓桌腳直到地震結束。

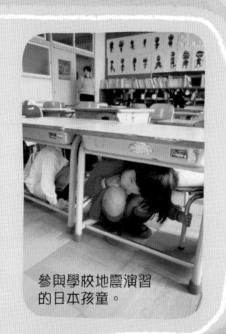

參與學校地震演習的日本孩童。

1693年1月11日，義大利西西里

這場大地震被喻為義大利史上強度最大的地震，摧毀南義多達70個鄉鎮與城市，更導致了6萬人罹難。

重大地震事件

2010年1月12日，海地太子港

主震發生後的12天內至少有52次餘震接連發生。餘震的發生為最初的地震將能量傳至鄰近岩層，導致岩層移動，不斷地累積摩擦力。這場地震導致31萬6千人罹難，傷者多達30萬人，並讓100多萬的人無家可歸。

1960年5月22日，智利

世界上震度最強的地震發生於智利南部，當時造成4,485人罹難。隔天，普耶韋火山爆發，噴發6千公尺的火山灰到空中，且持續時間長達好幾週。

1755年11月1日，葡萄牙里斯本

1755年的「里斯本大地震」幾乎摧毀了葡萄牙首都，導致4分之1的居民罹難。非洲北部、法國和義大利北部也可感受到這場地震。

地震工程學

如今，工程師努力創造並設計可抗震的現代建築，好讓建築構造能抵抗最可怕的強震，且讓建築在地震停止後仍能完好如初。這類的工程學在許久之前就已經發展出來了，如西元537年在土耳其伊斯坦堡所建的聖索菲亞大教堂，完工的20年後因為一場侵襲城市的地震使圓頂崩塌，之後教堂在進行小規模修復工程時，建造者修改了設計，使其具有抗震能力，這也是聖索菲亞大教堂至今屹立不搖的原因。

火山

火山就是地表的一種開口，岩漿會從下地函衝上地表並於火山噴發時爆發。火山灰（即細小岩石和礦物顆粒）、蒸氣和氣體也會一起噴出，使得火山活動蔚為壯觀。火山分成三種：層狀火山、盾狀火山及火山渣錐。大型火山噴發時的岩漿可以生成新島嶼，但它也能徹底摧毀一個地方！大約於西元前1500年，位於希臘桑托里尼島的一座火山，其所流出的岩漿在島下方留下巨大坑洞，使得島中央陷入海中，留下今日所見的陡峭新月狀小島。

盾狀火山

盾狀火山是最大型的一種火山，岩漿溢流的範圍廣大，當其冷卻後，就會生成薄且寬的圓頂外層，外觀如同一面盾牌。雖然盾狀火山體積龐大，噴發時卻非常溫和，所以旅客可以觀賞岩漿流出火山口的景象，如夏威夷群島等地。

層狀火山

這是最常見的一種火山，也可從它的拱形外觀輕易辨識出來，這是由於岩漿接觸空氣冷卻後，在火山口附近凝固所形成。一般而言，層狀火山多為群集並成線性排列，這類火山的岩漿比其他火山更黏稠，也因此特性，這類火山在噴發前所受的壓力更高。

火山渣錐

最小型的火山種類稱為火山渣錐。當火山爆發時，稀薄的岩漿受力噴發到空中，接著凝固成碎屑掉回地面，即是所謂的「火山渣」。經過一段時間後，火山渣越積越高，最後成為錐狀火山。位於墨西哥的帕里庫廷火山就是一座火山渣錐，1943年首次噴發時，先是在地面造成了一道小裂縫，隨後在9年之內，這座火山將田野變成424公尺高的火山渣錐，並在生成火山的過程中掩埋了兩個鄉鎮。

火山噴發！

地球上到處都可以看到火山，而在所有大陸中，澳洲是唯一沒有活火山的地方。火山在劇烈噴發後會對人類和動物造成致命危機，迅速移動和灼熱滾燙的熔岩可能會覆蓋部分的地區，殺死並摧毀熔岩流動路線上的所有物體，造成永久性傷害。厚厚的火山灰可能毒害動物、讓人類呼吸困難；如果火山所在位置靠近冰河，火山爆發釋出的熱能會讓冰川融化造成洪災。下面是歷史上最知名的火山爆發事件中的四個例子。

培雷火山

1902 年 5 月 8 日，加勒比海馬提尼克

根據目擊者描述，加勒比海在這次火山爆發之前，不論大小、所有種類的昆蟲都出現了。黃土蟻、又黑又大的蜈蚣察覺火山即將噴發，紛紛爬下草木茂盛的培雷火山，接著蛇類也沿著火山兩側爬下去。最後火山噴發了，整個山頂都被炸飛。

火山以超過160公里的時速噴出一大片的雲狀炙熱氣體，爆發三分鐘後，火山灰幾乎掩埋了所有聖皮埃赫鎮的居民，奧古斯特‧西爾巴里是唯一倖存者，當時他是一名在地下監獄的囚犯。

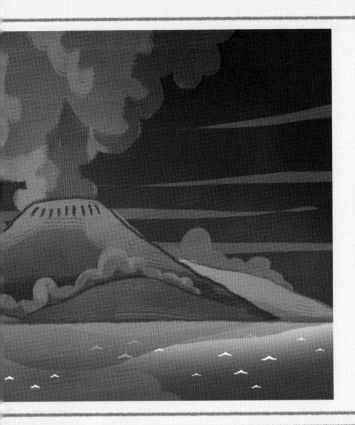

裴普阿坦火山
1883年8月26日，印尼喀拉喀托島

裴普阿坦和另外兩座火山創下史上火山噴發聲最大的記錄。根據記載，連距離4,800公里遠的地方，都能聽到喀拉喀托島上火山噴發的劇烈聲響。裴普阿坦火山最先噴發，接著隔天分成四次劇烈噴發，全球都能感受到這次地震的衝擊波。這次的噴發和火山崩塌造成巨大海嘯，可能導致了多達10萬人罹難與淹死。火山灰揚飛80公里高，瀰漫到地球的大氣層中，使得夕陽一片猩紅。在倫敦，人們看到如火燒般的天空，甚至打電話通報消防局救災。

坦博拉火山
1815年4月10日，印尼松巴哇島

印尼有史以來最大的火山噴發。長達1千年以來，這座火山的生命跡象並不明顯，當地居民以為這座高達4,300公尺的火山為死火山。然而1815年時，它開始發出聲響。等到了4月5日，30公里高的火山灰噴到了空中，經過五天的平靜，火山再次劇烈爆發，噴薄出炎熱灰燼和滾燙氣體，滿布天空。之後的幾天至幾週間，灰燼掉回地球，造成全球天氣異象，甚至影響**氣候**變遷，導致隔年的北半球糧食短缺。

維蘇威火山
西元79年，8月24日，義大利龐貝城

火山爆發前一天，古羅馬人才剛慶祝完歌頌火神的節日「Vulcanalia」。隔天，名為小普林尼的倖存者記錄下此次的火山噴發，他是當時的古羅馬帝國議員。小普林尼見證了維蘇威火山在空中噴出高達32公里的炎熱火山灰雲，接著地心引力使得火山灰雲落下，有毒氣體也覆蓋了城鎮和居民；最後，厚達3公尺深的火山灰掩埋整座城鎮。火山灰掩蓋的速度之快，使得整個城鎮和居民的屍體被完整保存下來，直到1748年才重見天日。

與地景共處

儘管鄰近火山和地震的地方很危險，但是13個最重要的文明中，就有11個文明把城市建於靠近板塊邊界之處。這是因為人類需要取得資源，如**沃土**，以及由豐饒大地所提供的金屬和礦物質。即使到了現代，世界上許多大的都市，如美國舊金山等，仍位於具有生命危險的斷層線上。

遊走在危險邊緣的城市

如今，在20個全球最大的城市中，有一半位於危險斷層地帶上。洛杉磯和舊金山是加州的大城市，而貫穿加州這片富饒之地，正是著名的斷層線之一——聖安德魯斯斷層。
這條斷層位於北美洲板塊和太平洋板塊交界處，兩板塊互相推擠達2千5百萬年。聖安德魯斯斷層橫跨現代加州最重要的部分，行經之處有道路、橋梁和社區，有2千萬人就住在讓加州富足的危險地帶上。

親近斷層線

居住在斷層帶上不代表就會有災難發生，下面的地圖顯示出歷史上13大文明和其主要城市的所在地，只有中國文明離斷層帶較遠。

1. 伊特拉斯坎文明（塔基尼亞和維爾）
2. 古羅馬文明（羅馬）
3. 希臘文明（科林斯）及邁錫尼文明（邁錫尼）
4. 米諾斯文明（克諾索斯）
5. 西南亞文明（泰爾）
6. 西南亞文明（耶路撒冷）
7. 亞述文明（尼尼微）
8. 美索不達米亞文明（烏魯克）
9. 波斯文明（蘇沙）
10. 印度河流域文明（摩亨卓達羅）
11. 亞利安-印度文明（哈斯蒂納普爾）
12. 埃及文明（孟斐斯）
13. 中國文明（鄭州）

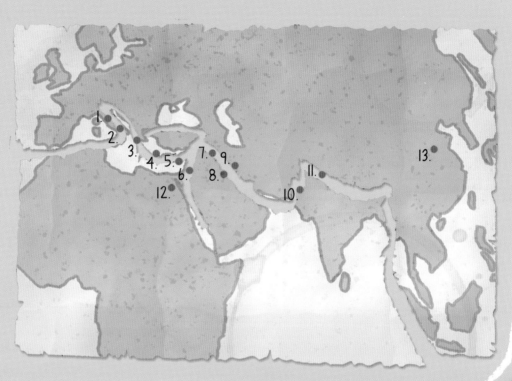

加州

加州屬於美國最富有的農業區域之一。因為沿著斷層帶上發生的板塊活動，讓金礦浮現地表，使得1848年加州出現淘金熱潮。此區也富藏石油且採集容易，因為斷層使地底深處的岩石裂開，迫使石油上升到近地表的位置，有利於鑽井。數學家們計算後表示，聖安德魯斯斷層下次發生的大地震將造成近2千5百億美元的損失，如同1989年10月大地震所造成的損害一樣。但是加州甘願冒著這個風險，因為藉由斷層豐富資源所獲得的收益，每年約有1千億美元呢！

地熱

有火山熱點不全然是壞消息，科學家正盡其所能想出方法善用地熱能源。這種能源來自地球深處的熱能，可見於有火山活動的區域。在這裡，水在地底下被加熱，滾燙的水接觸空氣後化為蒸氣，積聚在一起後衝出地表，形成一種奇景，稱為**間歇泉**。只要有熱能的地方就會有能量，科學家正在探索將地熱能源轉變成現代生活所需的能源。

間歇泉可將上千公升的滾燙蒸氣噴至空中達數百公尺高。

地獄之門

最知名的地熱點就是紐西蘭羅托魯亞的「地獄之門」了。此地有滾燙水池、泥火山、硫磺湖、蒸氣懸崖，以及冷水池和瀑布相比鄰，但地底排出的硫磺氣體讓空氣聞起來像顆臭雞蛋。

地熱熱點

世界各地都有活躍的熱點，也表示地球蘊藏著許多潛在能源。地圖中紅色的區塊為高溫帶。繼冰島之後，北美洲、歐洲、亞洲及非洲的科學家也開始研發地熱能源系統，因為地熱是未來清潔能源的選項之一。黃點表示進行中的計畫，你住的地方附近也有黃點嗎？

存在熱水中的各種細菌會讓水呈現不同顏色。

地熱池內的沸水和蒸氣溫度可達攝氏 95.5 度！

沸騰的泥池。

其他池子的水適宜溫暖，人們進去泡澡也很安全。

地熱島

真正的地熱能源專家非冰島人莫屬。這座大島座落於大西洋中洋脊上，是北美洲及歐亞板塊之間的活躍邊界。冰島每天都有火山活動，每十年或二十年間會發生一次大型火山噴發。冰島人透過往地下鑽井找出蒸氣來源的方式運用地熱能源，這種作法可替渦輪機提供能源和產生電力，他們運用地熱能源供應國內六成以上的能源需求。

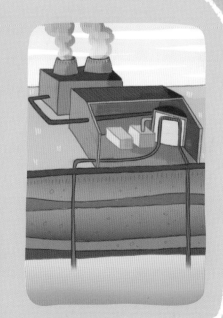

石器時代 的人類

如果要瞭解人類文明,我們就必須回到古羅馬人或埃及人之前的時代,倒轉到所謂的**史前時代**。石器時代是人類起源的早期,也是科學家講述人類歷史所使用的三時代系統中的第一個時期,之後接續的是鐵器時代和青銅器時代。

地球上的 人類進化史

1,000萬年前,
人類的**祖先**開始在地球上遊蕩。

600萬年前,
似人類的人猿開始發展。

400萬年前,
南方古猿是人類祖先開始以雙腳走路的開端。

最早的人類

科學家相信最早的人類住在東非大裂谷,即是兩塊分離板塊交會的地方。東非大裂谷是地殼中的巨型裂縫,長達數千哩,從衣索比亞延伸到莫三比克。東非大裂谷所生成的空間形成了山谷,使該地不受嚴酷天候影響,創造出良好的生存條件。最初的人類沿著裂谷而居,往下遷移至南非、往北至尼羅河,往東至廣大的亞洲草原。我們知道這些歷史是因為在此地發現最早的人類化石和最古老的石器時代工具。

人類發展

現代人類（就像我們）在科學上稱為智人（意為「智慧人」），但是古人類祖先的存在早於智人。他們隨著時間推移，逐漸發展為學會如何製作並使用石器的聰明生物，稱呼上也有所不同。人類發展可追朔至約280萬年前的石器時代。

20萬年前，
智人（智慧的人）出現，也是我們所知的現代人類。

140萬年前，
人類祖先最早開始使用火的確定時間。

280萬年前，
巧人（能人）出現並製作出記錄上最早的石器。

180萬年前，
直立猿人（直立人）出現。

打扮出色

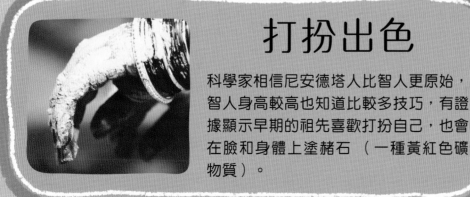

科學家相信尼安德塔人比智人更原始，智人身高較高也知道比較多技巧，有證據顯示早期的祖先喜歡打扮自己，也會在臉和身體上塗赭石（一種黃紅色礦物質）。

25萬年前，
尼安德塔人（尼人）出現，他們與智人是不同物種，於4萬年前滅絕。

300萬年前　　　　　　　　　200萬年前　　　　　　　　　100萬年前　　　　　　　　　現代

石器時代的生活

許多石器時代的史前人類會把岩洞當成家，洞穴讓祖先有了遮蔽處，不會受凍，也不會受到**掠食者**的侵擾。有一次，他們學會了如何製造火焰，也知道如何擠在篝火旁取暖。到了石器時代末期，現代人類（智人）更喜歡在地面遊蕩，所以不打造永久的洞穴聚落，反而是在空曠的地方用葉子和樹枝搭建臨時居所。

石器

早期人類會用石頭製作工具，透過骨頭和石頭做成「錘子」，並削尖石頭，使其邊緣銳利。他們用動物毛皮做成皮帶，將磨尖的石頭綁在樹棍上作為把手。數千年以來，智人製作石器越來越熟練，之後更製作出斧頭、刀子和茅，並將這些工具裝在木頭把手上。

奧杜韋石器

奧杜韋石器發現於非洲東非大裂谷的奧杜韋峽谷中，據專家判斷約有2百萬年的歷史。它們是人類最早製作出的工具之一，這些石頭可以用來劈開骨頭、植物和木頭。這項石器的發現有助於證明祖先最早是從非洲演化而來。

岩洞壁畫

好幾千年以前，智人會在洞穴的石壁上作畫，這些畫作多半是打獵場景，或是犀牛、野牛和野馬等大型動物。智人混合泥土和陶土創造出紅、黃和褐色顏料，並用煤炭製成黑色顏料。我們知道早期人類的視力良好且雙手強壯才能打獵，但是岩洞壁畫證明了早期人類同樣具有創造力，也會思索他們所居住的世界。

人類製作和使用工具的創意力，是區分我們和動物不同的關鍵，科學家也持續發現更多證據顯示出工具使用，對人類演化有著極大的影響。

人類標記

阿根廷的「Cueva de las Manos」（西班牙文意為手洞）有著近1萬年前以手為模板的手印壁畫，史前人類會把顏料吹在張開的手上來作畫。

拉斯科洞窟

法國拉斯科找到的洞穴就是岩洞壁畫的最佳範例，這類石器時代的岩洞藝術約有17,500年的歷史，壁畫主題多為記錄中棲息在法國的大型動物，化石證明了這些動物的存在。

獵人與採集者

你會去哪裡買肉和蔬果？對，超市最方便了！但是在石器時代，祖先必須自己尋找和準備食物。如果想要吃肉，就必須宰殺動物；如果想吃某種植物，就必須在野外搜索。打獵和用手採集並不是件簡單的事，所以我們可以想見石器時代的工具有多實用。

打獵

石器時代時，智人會獵殺長毛象、馴鹿和野牛。隨著時間推進，史前人類發現了一件十分重要的事：人類互相合作會讓打獵更簡單。智人發現團結力量大，打獵時越多人就越順利！尤其在仔細計畫打獵時更是如此，雖然石器是打獵成功的條件，但是懂得規劃遠比蠻力更重要，因此許多史前人類的岩洞壁畫主題都跟團隊合作有關。

石器時代的飲食

石器時代的菜單裡不是只有肉類，如智人和尼安德塔人的史前人類也會尋覓水果、堅果、種子、根莖類和菇類。一群人在野外採集植物類的食物比自己搜尋收穫更多，所以這些早期人類學會分工合作。我們的祖先也是優秀的漁夫，用動物皮製成的網子來捕魚，以及用石斧劈砍樹幹來製作小船。

今日的獵人與採集者

現代還是有些人過著獵人與採集者的生活型態，比如東非的馬賽族。在2013年，世界各地據估計有一百多個類似的部落，這些人大多住在南美洲、非洲或新幾內亞的叢林裡，其中許多部落幾乎或完全不跟現代世界接觸。

農業

想像一下，你和家人一直以來過著石器時代獵人與採集者的生活，仰賴肉食和打獵維生。如果你生活無慮，你的家庭人數就會越來越多，這也代表大家沒辦法分到足夠的肉，再加上獵物數量開始減少時，你會怎麼辦？又或是氣候突然變成天寒地凍，就像在11萬年前至1萬2千年前間地球最近一次的**冰河時期**。如果你沒有動物可以獵捕，你的家人可能就快活不下去，忽然間，這種獵人與採集者的技能就派不上用場了。

文化改變

有證據顯示，石器時代的人類約在12,500年前發覺需要從打獵與採集轉為農耕。在全球各處，人們開始種植自己的作物和畜牧。這項改變聽起來似乎很單純，但是據信這項改變引導人類做出歷史上最重要的發展，那就是書寫和數學（因為農夫必須計算和記錄飼養的牲畜）。

石頭建物

石器時代晚期，人類開始在全球各地蓋起石頭建物與紀念碑，特別是紀念亡者的墳墓。其中最知名、具有儀式色彩的石碑是英國巨石陣，建於西元前3千年至2千年間，由一塊塊巨型直立的石頭圍成一圈。直到今日，我們還在試著瞭解將巨石帶到該地的方法以及目的為何。

肥沃月灣

亞洲西南方的肥沃月灣區域，是世界上最早開始發展農業的地方之一。該地的氣候是旱季長、雨季短。科學家認為像是小麥與大麥等植物可在當地自然生長，也比較容易種植，使祖先自然而然就從獵人與採集者演化成為農作了。

肥沃月灣

新石器時代

開始從事農業到首座城市的出現，這段時期稱為新石器時代。西元前1萬年至2千年間，人類使用土地的方法更為成熟。在石器時代，史前人類以自製的石頭工具，來削薄打火石與其他種類的石頭。到了新石器時代，人類會製作拋光或有形狀的工具，如：石斧，利用它們來清理、準備農田，以種植作物，或是建造更複雜的房屋。

地球的祕密

你是不是對我們知道這麼多早期祖先的事感到疑惑？畢竟人類史前時代約於3百萬年前開始，而且我們沒有文字紀錄可供參考。那麼科學家從哪裡找到證據證明他們的猜測呢？至少在250年前，很少人注意到史前，但過去的祕密馬上就要被揭曉了。

解讀岩石

18世紀末至19世紀中葉，發生了工業革命（見第162～163頁）。人類為了找尋煤炭創造出強大的引擎往地球深掘，在英國和德國等開發中工業國家，科學家開始解讀岩石。科學家知道岩石分層會以相同順序排列，其中包含了同一種的化石，因此瞭解到可以透過岩層中化石排列的順序來解讀地球的歷史。

聖經

加總家譜

在我們瞭解如何解讀岩石內的化石記錄，以及開始瞭解古代歷史之前，我們的祖先中有許多人相信聖經內容為歷史實事。當時人們藉由聖經故事來解釋世界起源和人類由來，許多人認為世上的動物是大洪水時期在諾亞方舟上存活的動物。聖經學者為了推算地球的年齡，將「家譜」都加總起來，也就是總合舊約聖經中，一長串的出生與死亡的紀錄。藉由這種方法，學者們估算出地球被創造的時間約在西元前4千年！

化石記錄

人類在能夠解讀岩石中的化石，並將其中的歷史拼湊出來後，改變了對世界的看法。化石記錄顯示，現今地球上已不存在的巨型野獸遺跡。**恐龍**和其他奇異生物的發現，使科學家做出驚人結論：地球年紀一定古老到足以涵蓋化石記錄中的所有變化，接著也瞭解到，從地球結構中可以看到古人類存在的證據，如果想要知道更多歷史，就得繼續挖下去！

解讀化石

當科學家瞭解地球的歷史故事就埋在地底時,他們開始往下挖掘,並且發現了非常神奇的東西,一些從不曾見過且令人驚訝的花卉印痕、看似大象但是需要修剪毛髮的巨型長毛象、不能不提的巨大恐龍,以及看似剛走出夢中世界的各種奇妙野獸!第一位研究化石的科學家是19世紀的法國人喬治‧居維葉,在他發明出科學的新分支後,就被尊稱為「**古生物學之父**」。

地球的年齡

根據已測定年代樣本的隕石和地球岩石來看,地球的年齡為 45 億 4 千萬年。

演化理論

一位名為查爾斯‧達爾文的科學家,在研究地球祕密時,得出令人震撼的結論——演化論。他和其他科學家瞭解到,那些在地球岩石中發現已絕種的動植物,還有各形各色的生物代表了一件事:生物的族群隨著時間有所變化。演化論中也提到所有的生物都有關聯,只要回溯的年代夠久遠,其實所有動植物與生物都有相同的祖先,類似細菌的一種單細胞有機體。上百萬年來,一個物種就演化為好幾百萬種的生物。

岩石中的時鐘

地球上和地球內部的改變，是需要數百萬年的演化累積而成。為了瞭解地球的年齡，科學家必須找出一種方式判定岩石的年代。幸運的是，岩石內建了時鐘！許多化學元素就埋藏於岩石深處，其中一些元素具有放射性輻射，這表示它們會從一種元素轉變成另一種。從一種元素變成其他元素的轉變稱為「半衰期」，我們可以測出已發生轉變的百分比，加上測定半衰期，就能得知一種元素在岩石中存在的時間。

鈾的半衰期

我們知道鈾-238 的半衰期大約在 44 億 7 千萬年，鈾-235 為 7 億 4 百萬年，所以當我們試圖判定地球年齡時，鈾元素就派上用場了。

挖掘寶藏

化石是史前時代的遺跡，而且遍布全球。談到化石，許多人會想到岩石中保存下來的動植物，但是人類歷史和文化中的工具和**人工製品**，也會隨著時間成為化石。有時化石是從岩石中留下的印痕採樣而來，這些印痕可能是骨頭、羽毛、人類、動物足跡，抑或是糞便！

化石如何成形

1.動物或物體在沙堆或軟泥中死亡，而且很快就被灰燼或山崩的沉積物所覆蓋。

2.如果動物倒在湖或河中沒有移動，水會帶著沉積物掩蓋在上方，不會破壞動物屍體。

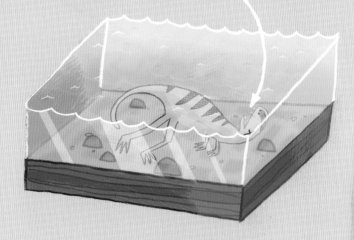

3.經過許多年後，覆蓋在動物屍體上方的一層層沉積物擠出屍體內的水分，化學作用將動物轉變為岩層中的化石。

4.地表的板塊運動將化石往表面抬升，一旦岩石受到**侵蝕**或山崩就表示化石離地表更近，也更容易被人發現。

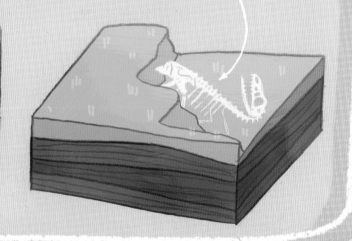

泥中的足跡

大約在2萬年前，五位史前時代獵人在澳洲蒙戈國家公園沼澤地的軟黏土上留下腳印。隨著時間過去，腳印周圍的泥土變硬然後變成岩石，也將腳印變成了化石。足跡旁邊有一連串的小圓洞，也許是有人拿長矛站著的地方，泥土中歪斜的圖形也可能為小孩的塗鴉。

5. 找尋沉積岩（見第19頁），這是最常出現化石的岩石種類。

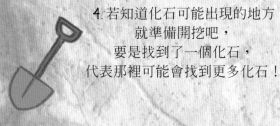

4. 若知道化石可能出現的地方就準備開挖吧，要是找到了一個化石，代表那裡可能會找到更多化石！

找尋化石

化石就像地球上許多地方隱藏的寶藏，下面是一些教你如何找到化石的小祕訣，比如這裡的蝸牛化石印記。

3. 沿著河床找尋，因為經年累月下來流水會切割岩石，所以經常會出現化石。

2. 查找曾經有山崩的區域，因為這會翻轉土地，可能將一兩個化石擠上表面。不過若是近期有山崩那就不要去，因為這個區域還是很危險。

1. 專業的化石追蹤者會買各式各樣的高科技產品，不過最後找尋化石最重要的工具還是你的眼睛！

人類與地球

你和地球上的其他人都屬於一個家庭，而且是個超級大家庭！地球上有75億的人口，在約200個國家內，使用6千種不同語言。我們生來就具有不同顏色、體型和高矮，你只需要在任何大城市中繞上一圈，就能親眼見證神奇的**多樣性**！我們要如何解釋這種多元化？歷史上發生過什麼事，可以用來解釋你和其他人類的獨特性？還有你的古老祖先（曾曾曾……乘以兩千倍的祖父母！）如何住在地球上？我們繼續看下去就知道了……

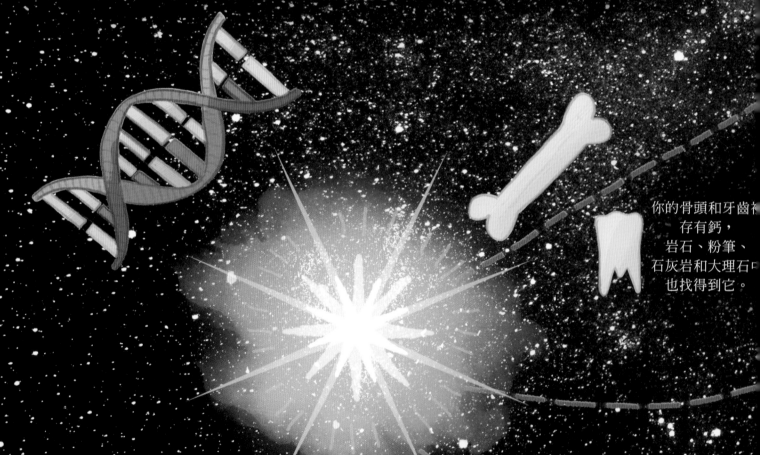

你的骨頭和牙齒裡存有鈣，岩石、粉筆、石灰岩和大理石中也找得到它。

我們跟星星一樣！

你也許無法相信，構成身體的成分其實和星星與星球相同，你的皮膚下有血液、骨頭和器官，這些東西的成分跟組成地球、月亮和星星的化學元素一模一樣。

人類的相同之處

本章節會回顧地球上人類的旅程，說明我們如何發現全人類其實都源自一個大家庭。你必須瞭解到，雖然每個人看起來都非常不一樣，但其實我們相似的地方比不同之處多很多，我們原本來自地球的同個地點，而且人體也由相同物質所組成，這也是為什麼我們如此相似的理由！

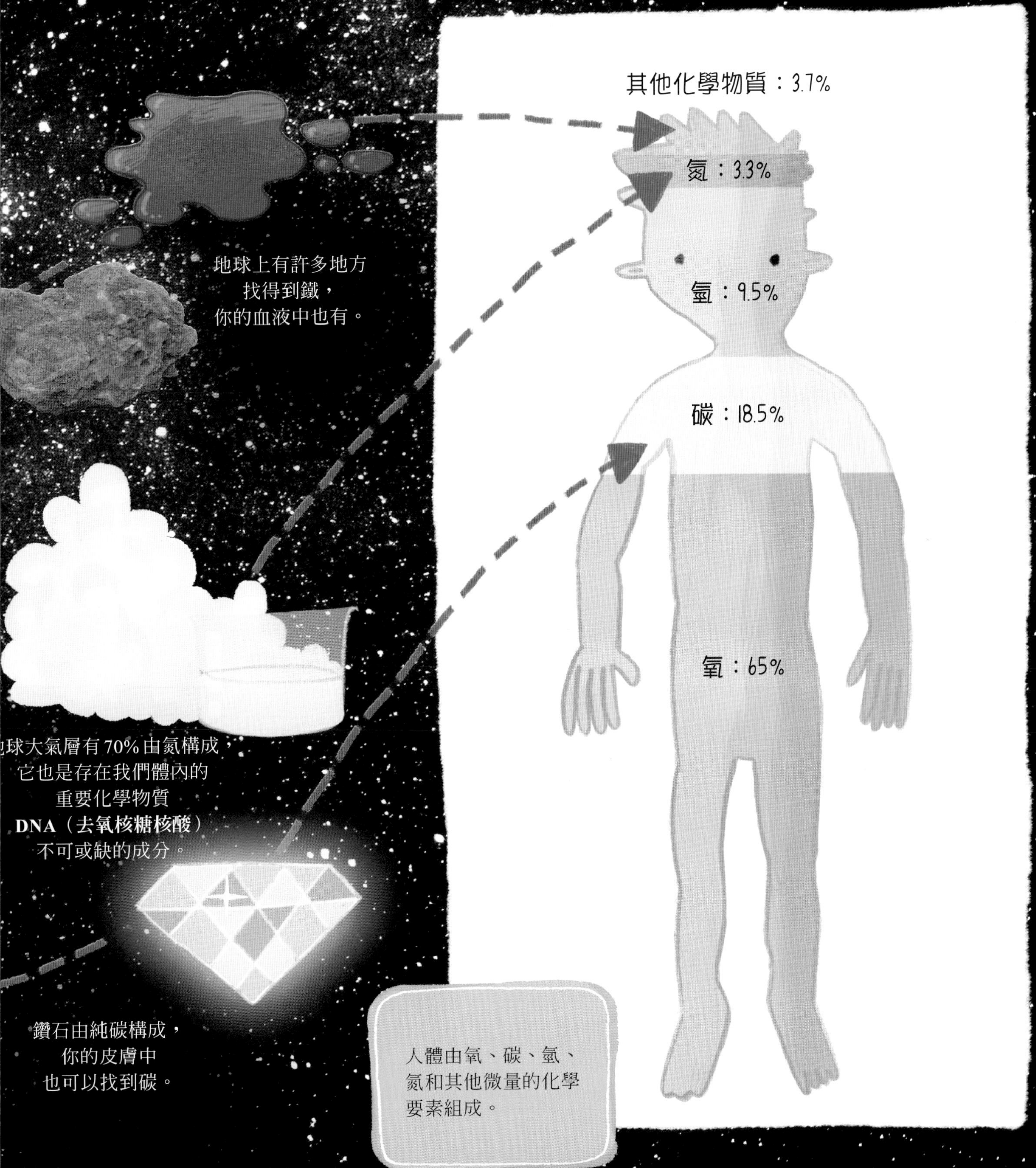

其他化學物質：3.7%

氮：3.3%

氫：9.5%

碳：18.5%

氧：65%

地球上有許多地方找得到鐵，你的血液中也有。

地球大氣層有70%由氮構成，它也是存在我們體內的重要化學物質 DNA（去氧核糖核酸）不可或缺的成分。

鑽石由純碳構成，你的皮膚中也可以找到碳。

人體由氧、碳、氫、氮和其他微量的化學要素組成。

去氧核糖核酸（DNA）：生命密碼

站在鏡子前⋯⋯你看的是由數十兆個**細胞**組成的身體，細胞是構成所有生物的基本單位。細胞可分成許多不同種類，每種都有不同功能，但是幾乎所有細胞的內部都是相同的。大多數細胞有著稱為細胞核的細胞中心，細胞核內有99.9%的**基因**，而基因攜帶著讓人瞭解你是誰的重要訊息。人體內有約2萬個基因呢！

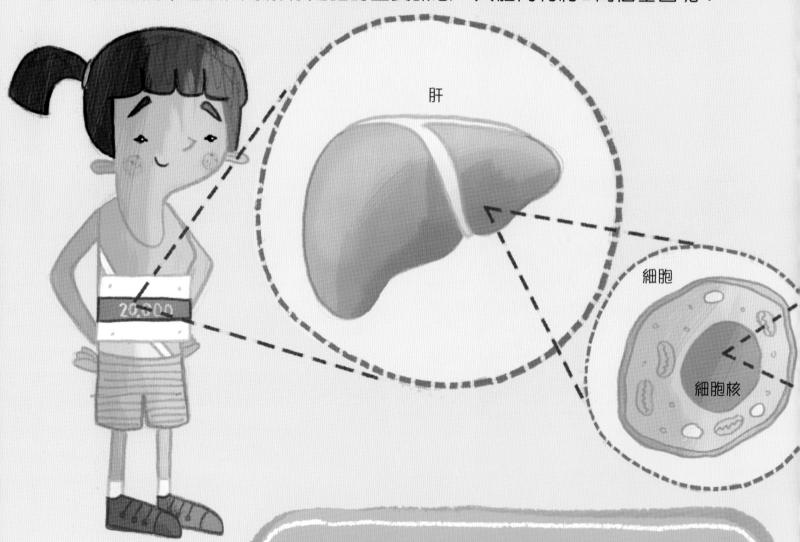

肝

細胞

細胞核

基因與DNA

你的基因是DNA中的一小部分化學物。而在小小的人體細胞中可以擠得下近2公尺的DNA，不過，DNA會縮成一團並壓縮在細胞核中。基因中的資訊儲存於「鹼基」，鹼基有四種型態，而且每個基因中的鹼基數量和順序，可以決定物體最終發展成香蕉、黑猩猩、牛或是人類。你可以把基因想像成食譜，其中鹼基的排列組合就是改變最後結果的成分，而且它是由一代一代傳下來的。

家族遺傳

你可能聽其他人說過一句話:「你的眼睛好像你的母親」,不過這句話代表什麼意思?就科學上而言,這表示你顯然遺傳到你母親的基因,因為基因可以製造蛋白質並向細胞下達如何工作、看起來像誰和該如何應變的指令。

DNA中的化學物質

DNA是一種由醣類、磷酸鹽和四種簡稱為A、T、C和G型的不同鹼基組成,這些鹼基也是化學物質。

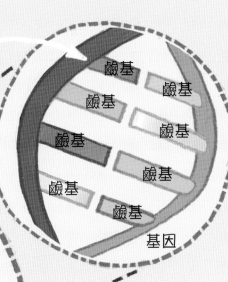

鹼基
鹼基
鹼基
鹼基
鹼基
鹼基
鹼基
鹼基

基因

DNA梯狀條帶

想像DNA是螺旋狀的化學梯狀條帶,如果你把體內每個細胞的DNA挑出來,頭尾相連,它的長度可到達月球再繞回地球3千次。

DNA

染色體

染色體數目

染色體是由一對對的DNA組成的結構。不同物種有著不同數量的染色體,人類有46條染色體,或說是23對染色體;黑猩猩有24對染色體、雞有39對染色體、果蠅有4對染色體,而香蕉只有2對染色體。

DNA家庭

DNA證明了地球上的所有生命都有關聯,你跟黑猩猩的DNA有98.8%相同,而且與小老鼠的相同基因高達90%!跟公雞則有60%同樣的基因。而人與人之間,DNA竟有99.8%的相同基因,那為什麼每個人看起來都長得不同?請翻頁瞭解更多關於基因表徵!

基因表徵

當人類**世代**繁衍生下嬰兒後，存於基因內的資訊也傳承下來。我們已經在第52頁提到DNA的鹼基就像構成基因的食譜成分，而所有成分組合起來就會成為完整的DNA大餐！人體非常聰明，隨時都可以生成內含DNA的新細胞。通常人體只會複製已存在的細胞，照著配方製造新的DNA大餐，然而有時人體也會出錯，使得細胞變得不完全相同，就像食譜中不同份量的成分，我們稱這些小變化為「突變」。大家多多少少都有一些突變，當父母親將自己有的小突變傳給他們的孩子，食譜中改變過的部分就稱為「基因標記」。

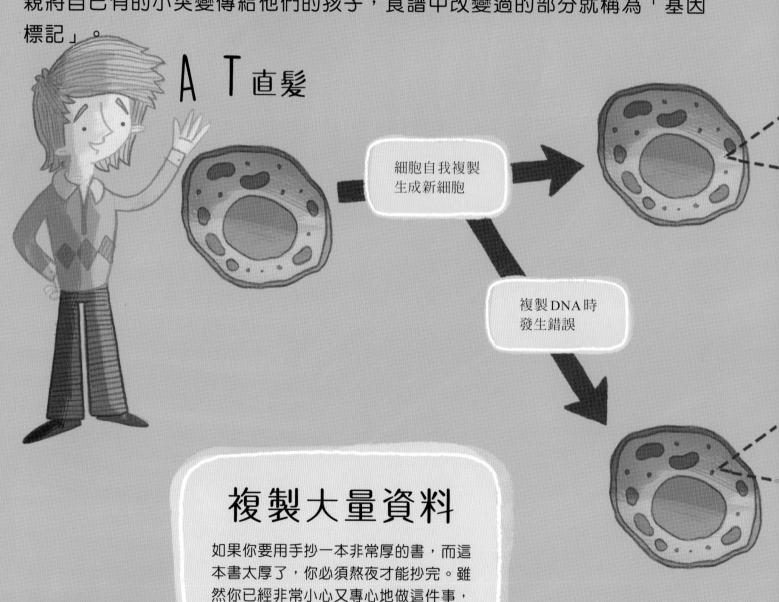

ＡＴ直髮

細胞自我複製
生成新細胞

複製DNA時
發生錯誤

複製大量資料

如果你要用手抄一本非常厚的書，而這本書太厚了，你必須熬夜才能抄完。雖然你已經非常小心又專心地做這件事，但還是避免不了出現錯字。在人體傳遞DNA給下一代時也會發生同樣的情況，所以才會有基因標記的出現。

你和你的鄰居！

既然基因標記可以遺傳，那麼你擁有的 DNA 和隔壁鄰居擁有的 DNA 不同之處，就能顯示出你們有多高的關聯性。人類有 1 千萬個基因標記，而這些標記代表你和地球上其他人有多少基因相異的部分。

表現型

身上可觀察到的人類痕跡，
如身高、髮色等，
又稱為你的表現型。

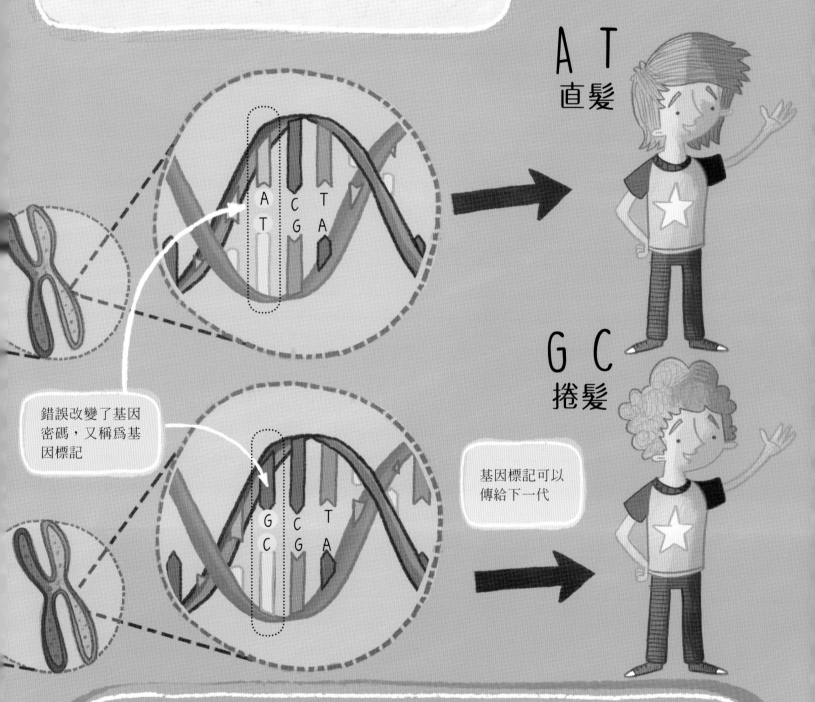

A T
直髮

G C
捲髮

錯誤改變了基因密碼，又稱為基因標記

基因標記可以傳給下一代

與生俱來！

基因標記可當成一種時光機，我們可透過人體血液窺探地球的歷史！每滴血都可寫下一段最佳的歷史，而你透過血管承載著這段獨一無二的歷史篇章。科學家透過全球各地人類的血液採樣，檢視基因標記並發現了神奇的事，那就是留存至今的所有人類都來自同一個大族譜。大約在 20 萬年前，住在非洲的人類只有約 2 千人，後來一小群人踏上漫長的旅程離開了家鄉，你就是他們的其中一個後代，繼續讀下去瞭解更多故事吧！

走出非洲

人類旅程的第一站是非洲，它是人類祖先的出生之地。透過不同族群的血液，有個特殊的DNA標記，可以回溯到首次基因標記創造出來的第一個地方——非洲。數千年以來，智人散居於非洲大陸，但是只有一小群人是我們的祖先，大約在6萬年前，有一群智人踏上旅程走出非洲。當祖先前往新的地方與棲息地，他們跟其他族群也分離了，這就是人類不同或高度多樣性的開端。

離開非洲的原因？

早期祖先為什麼要離開家鄉呢？有線索顯示，他們是介於6萬年至3萬年前遷徙，不過遺留下的**考古**證據十分稀少，普遍認為是因為溫度下降、大海後退，所以非洲變得乾涸。科學家認為介於7萬年至5萬年前曾發生過冰河期，這也象徵了冰河凍結了大地的水分，導致地球沒有冰河的地方乾枯荒蕪。

人類的智慧

也許祖先離開非洲是因為他們準備好要探險了！在5萬年前，人類祖先已經開始製作精緻的石器，而且也留下令人驚嘆的岩洞壁畫，就像薩恩人所畫的這幅岩石畫一樣，薩恩人會記錄自己的活動。科學家相信祖先們開始花更多時間每年獵捕特定時間中的特定物種，有可能因為跟隨遷徙的物種族群到新的地方才離開了原本的土地。

薩恩人

薩恩人在非洲南部居住了約2萬年，是早期石器時代人類的後裔。他們的基因和首批離開非洲並帶著同樣基因標記的人相同。薩恩人有著有趣的外型和棕色皮膚，但是也有變成較淺或較深膚色的可能，眼睛形狀和東亞人相似，並擁有和蒙古人相似的高顴骨。薩恩人的祖先演變為今日各種膚色、信仰和國籍的人，薩恩人的語言也十分特別，包含了搭嘴音。大部分的人相信，有搭嘴音的語言是近代語言的起源之一。

追蹤……

基因顯示出人類族群約在7萬年前只有2千人，這是不是令人感到不可思議呢？人類差點就要滅絕了！雖然冰河期讓狩獵的難度增加，但是仍有一小群人離開了非洲，費盡千辛萬苦到達澳洲。

澳洲

我們怎麼知道先人曾遷徙到澳洲？既然這些人的旅程只有很少的考古證據佐證，我們又怎麼知道他們用什麼方式抵達呢？第一個問題的答案很簡單，我們知道澳洲約在1億年前和盤古大陸分離，那個時期的澳洲大陸沒有可以進化成為人類的**原生地**物種。這表示人類是從其他地方而來，所以他們一定是從人類起源的非洲而來！

有多少人踏上旅程？

科學家估計非洲的人口大約在2千至5千人間，只有一小群約150人橫跨了紅海。雖然紅海在冰河期不曾完全凍結，但是距離不長，足以橫渡，而且海上可能有小島，所以人類能使用木筏橫跨大陸。

先搶先贏

想像一下，有一小群人類搭著原始木筏，然後登陸澳洲北部。
他們一定詳細計畫過，確保有足夠的男性和女性，才能在新大陸建立新族群。
順著河川的指引，他們挺進內陸並發現了新生物，卻沒看到其他人類，
因此這群勇敢的人就將這片新大陸占為己有了！

遷徙的路徑

首批走出非洲的旅人往東方前進，最顯而易見的路線是沿著亞洲南部的海岸線移動，因為海岸線的氣候和環境變化不大。勇敢無畏的旅人與其後代，踏上了這條海岸線之路，在幾千年後到達了今日的馬來西亞。但是人類如何橫跨分隔印尼和澳洲的90公里大海呢？要記得5萬年前還是冰河時期呢！當時的地球有部分的水還凍在冰層裡，因此海平面較低，而印尼是一個陸地板塊，所以人類要到達澳洲只需要橫跨一片小小的海域。

岩石裡的證據

4萬5千年前，人類定居在澳洲大陸部分地區。我們會知道這點，是因為考古證據證明——澳大利亞原住民居住在這塊大陸上許久。他們留下的篝火痕跡被檢測出來，而且也在洞穴留下壁畫印記。

印度與亞洲

澳洲是走出非洲的第一條路線，第二條路線的後代就變成了亞洲人、歐洲人和美洲原住民，換句話說就是地球上的其他人！科學家認為他們在中國人、俄羅斯人、美洲原住民，以及絕大多數的印度人身上找到了相同的基因標記。不可思議的是，這些族群遺傳了來自遠古單一男性的基因標記，他屬於離開非洲的第二批旅人之一，這群人走了另一條路線，最後抵達中東。

維蘇威火山

走過中東

遷徙大約是在4萬5千年前。當時的地球很冷，因為冰河期早在7萬年前就開始，後來變得越來越冷。一般認為，有一部分地方的平均溫度下降了攝氏20度，使得非洲綠草如茵的平原退縮。一小群的人類可能挨餓了上百年或上千年，**乾旱**使得動物與人類掠食者被迫搬出非洲撒哈拉沙漠，動身尋找新大陸，這些人走過中東，離開非洲到達世界的其他地方。

前往無人踏足之地

第二批另一小群的人類跋涉到內陸，穿過中東，進入中亞南部。接下來，我們的祖先分別前往亞洲、歐洲和其他地方。第一群人到達印度，發展順利，人數大幅增加，幾乎要掩蓋早期沿著海岸往澳洲發展的移民足跡。第二群人踏上中國，這個區域有山巒和海洋包圍，難以抵達，也致使這群人與其他族群隔開，所以也就漸漸地發展出獨特的長相。

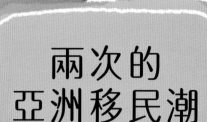

兩次的亞洲移民潮

科學家認為基因標記顯示出亞洲有過兩次移民潮，第一次往北方移動，第二次往南方山巒的方向移動。人類在抵達歐洲前先踏上了印度和中國（還有澳洲！）。

往菲律賓的方向

多峇火山

坦博拉火山

往澳洲的方向

超級火山

迫使人類開始走出非洲，還有另一個說法是超級火山。這個理論中的超級火山位於印尼，稱為多峇火山。大約在7萬年前，多峇湖發生了一次巨型噴發。如果你認為第31頁提到的維蘇威火山和坦博拉火山的噴發是危險致命，那麼多峇火山噴發的威力是它們的千倍以上。火山噴出6公分灰燼（仍然可以在化石記錄中見到這層遺跡）到南亞的所有島嶼、印度洋、阿拉伯和中國南海等地，加上空氣中灰燼過於濃密，遮蔽了好幾年的陽光。陸地像大型煙灰缸一樣，火山灰堵塞了河川與溪流，使得雨季停止。不過，這會是人類為什麼繼續探索地球，尋找適宜土地的原因嗎？

多峇火山

坦博拉火山

維蘇威火山

歐洲

這趟旅程的下一站是歐洲。人類於4萬5千年前踏上歐洲，當時歐洲天寒地凍，為了生存下來，人類的膚色慢慢變淺，這項演化幫助吸收陽光，製造維他命D。歐洲南部沿海的人膚色仍然偏深，因為他們可以從攝取海鮮獲得維他命D，不需藉由皮膚合成。冰河時期阻斷了歐洲旅人與非洲祖先聯繫的可能，使他們與世隔絕數千年。在隔離的環境下，歐洲人長得更高並發展出特有的鼻子形狀。

冬季獵人

第一批即將成為歐洲人的祖先跟著獵物移動。他們追蹤動物和食物，並隨後發展出獨特的狩獵技巧。當人類遷徙到歐洲時，因為氣候冷峻面臨許多艱難的挑戰，還必須對付居住在歐洲許久、已適應嚴峻氣候的尼安德塔人（簡稱尼人）。尼人體型矮胖強健，體毛也比較多，但是智人巧於製造工具，可以製作保暖衣服，這兩群不同的人一起在歐洲生存了近5千年，後來尼人開始面臨困境。

三波遷徙

近期的說法指出，也許實際上有三波歐洲遷徙潮，這三批不同時間抵達的人類也影響了現代歐洲人的長相。

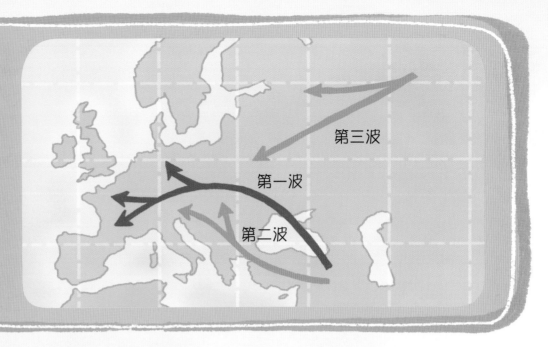

第三波

第一波

第二波

第一波

第一波是獵人與採集者時期，
約於4萬5千年前。
這些人可能從非洲來到歐洲，
而且膚色較深，
因為可以從動物身上攝取維他命D，
不需要藉由陽光合成。
根據推測，他們帶有藍眼基因，
這也是現代歐洲人常見的眼珠顏色。

第二波

第二波是約9千年前
跋涉至歐洲的農民，
並與早就定居在當地的獵人
與採集者混合在一起。
這些人擁有較淺的膚色，
以便吸收更多陽光並製造維他命D，
因為這是他們飲食中較為缺乏的。

第三波

第三波來自於約5千年前的中亞，
這群人最先畜養馬匹，
而且他們貢獻的基因
使現代人類更多元，
包含美洲原住民在內。

橫掃草原

當我們的祖先抵達**歐亞大陸**時，他們發現了一大片的草原。
這片冰河時期時的大草原，從歐洲一路延伸到現在位於東北亞，
又稱為韓國的地方。整片草原都可以讓人類自由探索。

美洲

土壤的最後一篇章節帶我們來到亞洲開始，這段旅程從亞洲開始，結束於北美洲和南美洲。科學研究者認為美洲的祖先從俄羅斯的西伯利亞跋涉到阿拉斯加，但他們是如何辦到的？換作是現今，在約6個月的漫長冬季，想要橫渡介於兩大洲之間布滿冰層的白令海，就連現代破冰船都難以做到，所以我們的老祖先又如何在2萬年前橫跨這片海域呢？

白令陸橋

這個疑問的解答又與冰河期有關。當海平面下降，使得新陸地板塊（現稱白令陸橋）從白令海浮現了。這塊新土地提供俄羅斯東部海岸到阿拉斯加的道路，有可能是動物為了找尋新草原，而獵人只是跟隨著牠們的腳步踏上了新領地，才開始探索這塊新大陸。

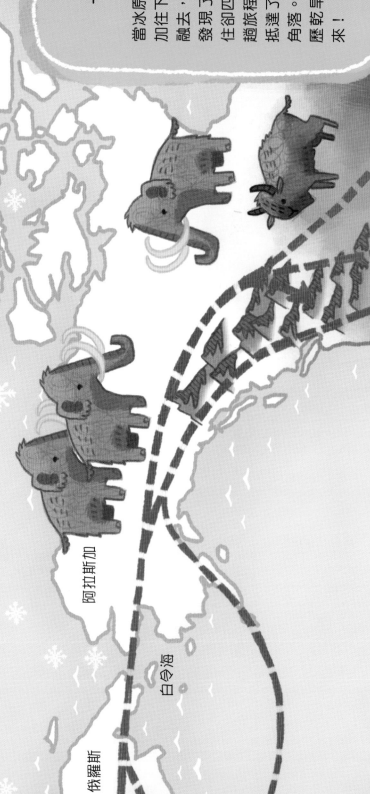

俄羅斯

白令海

阿拉斯加

一個新世界

當冰原開始解凍時，探索者便從阿拉斯加往下移動，穿過洛磯山脈。隨著冰原融去，一望無際的大草原出現了，他們發現了眼前的「新世界」──無人居住卻四處可見野牛和長毛象的大陸。這趟旅程從非亞洲開始，在亞洲分化，現在抵達了地球的最後一片大陸，最後一個角落。這批人類祖先找到了家，在此歷經乾旱、糧荒和冰河期，一起生存下來！

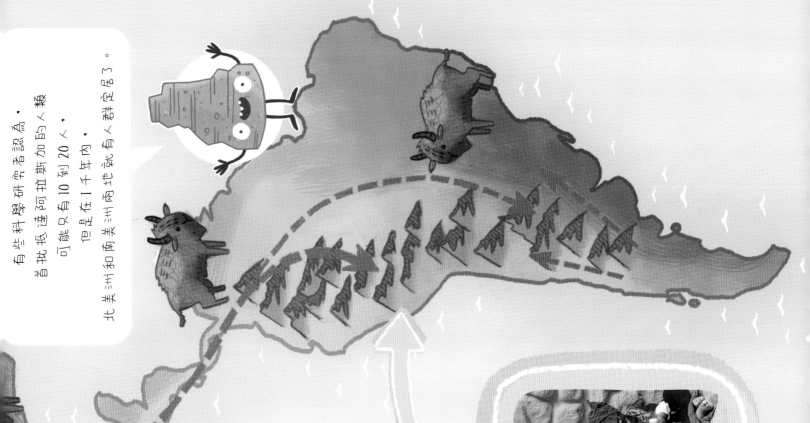

有些科學研究者認為，
首批抵達阿拉斯加的人類，
可能只有10到20人，
但是在1千年內，
北美洲和南美洲兩地就有人群定居了。

北美洲
納瓦荷族

有支美洲原住民部族稱為納瓦荷族（見第184頁），
擁有一個基因標記來自楚克奇族——一個仍居住於俄
羅斯北極圈的部族。普遍認為，楚克奇族是從亞洲來
到美洲路徑上，中途留在俄羅斯的一群人；而其他人
則是繼續旅程，最後成為北美洲的納瓦荷族。

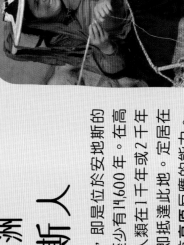

南美洲
安地斯人

南美洲最早的人類遺址，即是位於安地斯的
蒙特貝爾德聚落，距今至少有14,600年。在高
山中找到的骨骸顯示，人類在1千年或2千年
前，通過白令陸橋後隨即抵達此地。定居在
此的安地斯人產生了抵抗高原反應的能力。

今仔的世界

人類就像地球。我們從地球演化而來，身體也保存可在地心深處找到的相同化學元素。演化順利進展，祖先從非洲發跡，一小群非洲人決定展開一段神奇的旅程，自此之後，我們花了3萬5千年從非洲長途跋涉到美洲。地球的故事承載了閱讀本書所有人的部分血脈！我們是一個大家庭，只是隔了2千代而已！

我們的長相從何而來？

現代人的長相來自兩種主要的影響。第一種源自非洲，而且所有人類都有高圓的頭骨、細眉及消瘦的下巴。這些特徵約在10萬年前由非洲祖先演化而來，祖先們帶著這些特徵於6萬年前踏上了旅程。人類今日的長相還受到另一種影響，不同的地理區域，給了我們不同的特徵，這些特徵就是不同的臉型、眼皮、髮色與膚色，由此區隔出人類族群。現代人類演化的方式是由遷徙定居的地方塑造而成。

拼湊星球

科學家近期發現了故事的小轉折。我們有90%以上的基因遺傳自相同的非洲祖先，但是少數人類DNA來自不同起源。古代的人類走出非洲，使得我們接觸到不同種族。人類在歐洲遇見尼安德塔人並一起延續繁殖，也在澳洲遇到稱為丹尼索瓦人的其他種族，舉例來說，有些人類種族大約有2.5%的DNA來自尼安德塔人，而現今住在澳洲和新幾內亞的原住民大約有5%的丹尼索瓦人DNA。

丹尼索瓦人是誰？

丹尼索瓦人是一支古代的滅絕人種，名稱源自2010年發現一名年輕女性的指骨碎片，她約存活於4萬1千年前，她的指骨在西伯利亞偏僻的丹尼索瓦洞窟被發現。

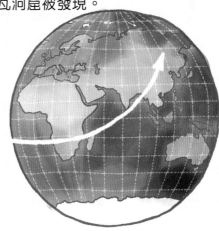

今日的科學

如今，我們才知道人類和地球的連結。就在近期，科學家才知道如何解讀血液、DNA和其他將人類與地球連結在一起的線索。我們能夠從現代人的血液中，發掘出地球過去的歷史！往後，又可能帶來更多令人興奮的發現呢。

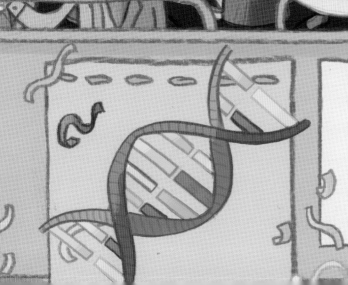

AIR
（空氣）

古希臘人認為雖然空氣（或風）看不見也摸不著，但卻是很強大的力量。當時希臘人將我們認知的空氣分成兩種要素：埃爾（aer）、埃特爾（aether），前者代表低層大氣；後者表示高在雲層上的宇宙，以及氣候形成的地方。空氣提供我們生存所需的氧氣，創造了四周的天氣，並傳導聲音讓我們得以聽見。

空氣的組成？

先深吸一口氣，你知道你吸進肺部的是什麼嗎？沒錯，是空氣！但所指的又是什麼意思呢？空氣是各種無形氣體的混合物。大部分的氣體是氮氣，實際上占了78%；而氧氣占了21%，是另一種組成空氣的氣體。氧氣對人類很重要，因為我們的身體會用氧氣從化學物質中釋放出能量。空氣也包含了微量的其他氣體，如氬、二氧化碳和氖。

少了空氣，地球上的植物和動物生命體就無法存活。幸好，空氣包圍在我們的身邊，它就存在地球大氣層內。

我們呼吸時存於空氣中的氣體

78%為氮氣

看不見的空氣

如果我們看不見空氣，又怎麼知道空氣確實存在呢？試試看一個簡單的實驗——在手掌上吹氣。你能感覺到吹出的氣嗎？這就是從你的肺部吹出的空氣。當你呼氣時，就把空氣送出肺部，並吹到掌上。同樣地，當風吹動時，也會將空氣送到我們的周圍。我們知道空氣的存在，因為我們能透過皮膚感受到空氣，也可以看到身邊擺動的樹木。

是誰看到了風？

你可以把空氣想像成和水一樣漂浮著的分子。空氣會流動，儘管它是氣體而非液體。當空氣從一處快速流向另一處時，就會產生風，風是無形的，但它帶來的影響，從徐徐微風到強烈颶風，我們都能感受到！風的產生（即流動的空氣）起於太陽，太陽會加熱空氣，當一個區域比另一個區域更溫暖，就會產生不同壓力，這些不同的壓力氣穴推動彼此到處移動，便形成了風。

21%為氧氣

0.9%為氬

0.1%為其他氣體：
二氧化碳、氖、
氦、氫、氦、氪

固體、液體和氣體

所有物質皆由固體、液體和氣體所構成

  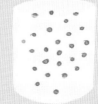

固體，例如樹木、塑膠或岩石，其形狀不會因撥弄或推動而改變。因為固體的粒子緊緊地擠壓在一起，所以不會分離。

液體，如水等，可以輕易流動並改變形狀。液體的粒子可以推動彼此，但還是維持相連的狀態。

氣體，如我們呼吸的空氣，因為粒子間沒有連結，所以可以自由懸浮。空氣會填滿它所在的地方。

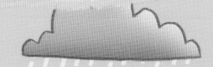

空氣中的水分

當我們提到空氣的成分時，我們所指的通常為構成地球大氣層的各種氣體。然而，大氣層中還蘊藏了大量的水蒸氣，也就是氣體形式的水。事實上，空氣中有足夠的水分，足以製造2.5公分的雨覆蓋整個地球表面（包含陸地與海洋）。當我們之後在本章節提到雲朵、氣候、天氣和風時，要記得是水和空氣的結合才形成了這些自然現象。

大氣層

大氣層是地球不可或缺的部分。大氣層和地球其他部分首度成形時為45億多年前（見第10～11頁瞭解更多相關知識），科學家將大氣層依據不同溫度區分為五層。

氣球探測法

為了探測地球表面上方不同高度的狀態，科學家發射了氣象氣球。這些氣球攜帶著可以偵測風速、溫度、壓力和溼度（空氣中的水蒸氣含量）的儀器。

3. 中氣層

大氣層的第三層是空氣真正變冷的地方。從地表往上延伸至85公里處，中氣層的溫度可驟降至攝氏-130度。大氣層中的這層會出現小岩石團繞著太陽運轉，這些岩石又稱為流星體，一旦它們進入地球的大氣層上部後，流星體會變熱而且發出耀眼光芒，進而成為隕石或流星。

2. 平流層

平流層位於對流層往上延伸至地表上方50公里處。若你可以像超級英雄一般飛翔，往上翱翔穿過對流層時，溫度會逐漸變冷，但是攀升到平流層後，情況就會改變了。平流層內的前20公里，因為臭氧的出現，溫度再度增加。臭氧能吸收大部分的太陽輻射能，以及加熱圍繞在臭氧旁的空氣粒子。

1. 對流層

對流層始於地表往上延伸至14公里處。大氣層中的這一層密度最高，占了整個大氣層中80%的空氣。空氣離地球越近，就越容易受重力往下牽引，因此空氣粒子會更緊密壓縮在一起。幾乎所有的天氣都發生在對流層中，這裡也是飛機航行的地方。

太空

外氣層

4. 增溫層

空氣的第四層又稱為增溫層，往上延伸至600公里處。這層的氣溫可達攝氏1,700度！在這個高度下只有微量的空氣粒子，但是它們會迅速吸收陽光，使得溫度突然升高。這層內沒有水蒸氣或雲，有時北極光或南極光會出現在這裡（見第78～79頁）。

5. 外氣層

地球大氣層的最外部一層就是外氣層。此氣層就是地球和太空的交界處，它可延伸至1萬公里。這層之外的空氣分子不再受到地球重力的牽引，外氣層底部就是繞行地球的多數衛星所在之地。

增溫層

中氣層

平流層

臭氧層

對流層

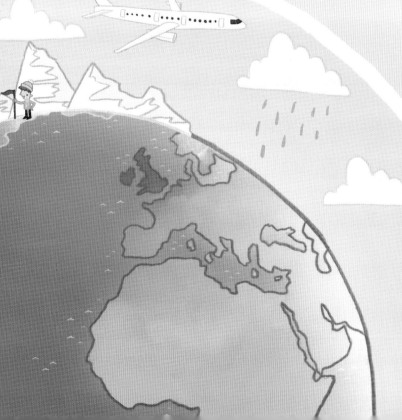

空氣如何演化

空氣就像陸地和海洋一樣是地球的一部分，但是今日地球上的空氣和地球還年輕時的40多億年前不太一樣。空氣演化了，它從過去濃厚、煙霧瀰漫的史前時代，變成我們今日所見、通常為清澈的藍天。這是因為空氣中的氣體隨著時間有所變化，當生物出現在地球上時，通過牠們吸入和吐出不同含量的氣體，改變了空氣的組成。

生命出現之前的空氣

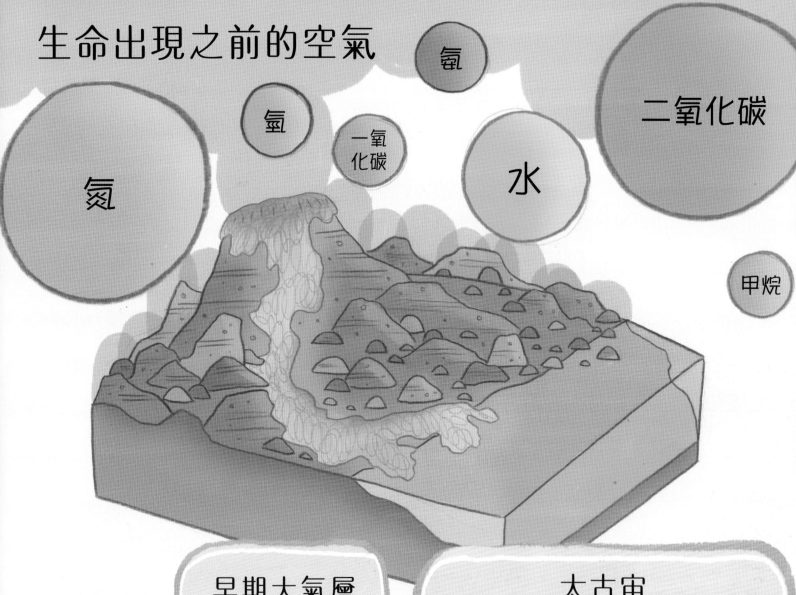

氪

氫

一氧化碳

氮

水

二氧化碳

甲烷

空氣的演化

早期大氣層
（45億年前）

地球冷卻後，圍繞四周的空氣由活火山噴出的氣體而成。這些氣體包含了甲烷、氮、比現今大氣層更多的二氧化碳。

太古宙
（40億～25億年前）

此時的地球被甲烷迷霧層層包圍，空氣中沒有氧氣，不過最初的基本生命型態不需要仰賴氧氣才能生存。接著在27億年前，名為藍綠藻的微小藍綠色有機體密布海洋（見第196～197頁），它們用二氧化碳、水和陽光生成氧氣，這過程即稱為光合作用。隨著時間推演，地球上的含氧量增加到足以構成1%的空氣。

光合作用

光合作用是植物利用陽光的能量，製成自己的食物的方式（見第159頁）。這個化學作用也會產生氧氣。光合作用首次出現在地球上的時期是非常重要的大事，這代表了空氣中存有生物所需的氧氣。好幾百萬年以來，空氣的組成經過改變，最終成為今日所知的組成。

如果地球的含氧量低於15%，我們就無法生成火焰。如果含氧量大於25%，會導致有機體自由燃燒，野火到處竄生。

今日的空氣

● 氬　● 二氧化碳　● 甲烷　氧氣　氮　水

地球上的生命
（26億～4億年前）

我們呼吸的空氣跟著地球上的生命一起演化。經過數百萬年後，微小有機體製造出足夠的氧氣，當氧氣與水結合，就能生成可分解大氣層中甲烷的分子，不但清除了地球迷霧，也將其轉變為藍天。

氧氣劇增
（7億～5億5千萬年前）

大海和空氣中的氧氣含量大幅增加。到了6億年前，空氣中的含氧量已經達到了4%。氧氣遽增對將其轉換成能量的生命型態來說極為重要，但對一些生命型態而言，氧氣等於毒氣，因此這些有機體也跟著滅絕了。

我們所知的空氣
（5億5千萬年前至今）

由於空氣中氧氣的比例增加（都要感謝藍綠藻），二氧化碳含量降低。碳不存於空氣中，反而被鎖在**化石燃料**裡，海洋和碳循環維持了這些氣體的含量（見第172～173頁）。今日氧氣占了空氣的21%，而二氧化碳則僅有0.038%。

空氣孕育生命

空氣含氧量在7億～5億5千萬年前之間增加後，也對地球上的生命帶來重大改變，一些有機體繁殖旺盛，也有些生命型態就此滅絕。科學家認為氧氣劇增有助加速5億3千萬～5億9百萬年前之間海洋生命的竄起。

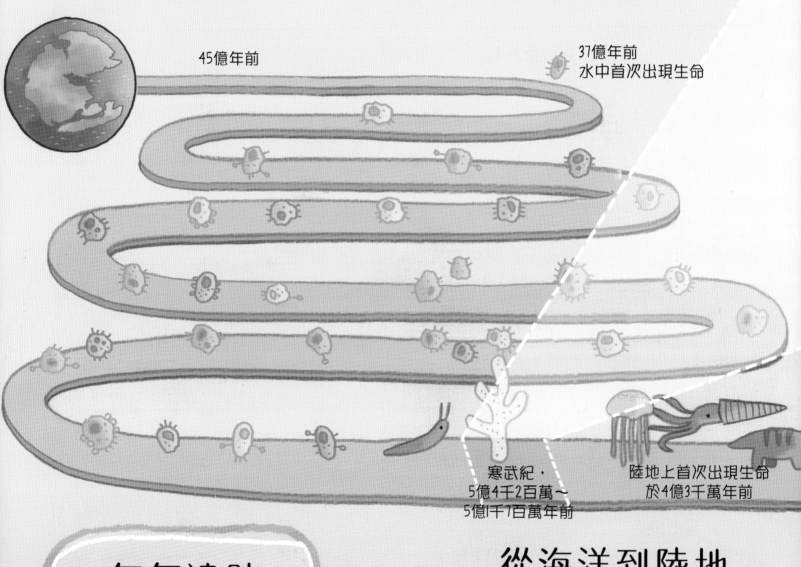

45億年前

37億年前
水中首次出現生命

寒武紀，
5億4千2百萬～
5億1千7百萬年前

陸地上首次出現生命
於4億3千萬年前

氧氣遺跡

人類就是喜愛氧氣的有機體，人體用氧氣從食物中獲取能量。演化後的古代生物能利用地球大氣層中的氧氣，你也**遺傳**了利用氧氣的能力。若是沒有先前出現的生命型態，你就不會出現了！

從海洋到陸地

在寒武紀大爆發之前，地球上的大部分生命型態都是簡單、單一細胞的有機體，直到4億3千萬年前陸地上開始出現生命，沒有骨幹的動物演化出可以直接從大氣層吸收氧氣的能力。

寒武紀大爆發

寒武紀大爆發是一個演化時期，始於5億4千2百萬年前。在此時期，動物的主要特徵，如骨架、硬殼、觸角、腳、關節及下顎開始演化，化石記錄中出現了這些證據（見第44～45頁）。此次的「大爆發」維持了2千5百萬年，自此之後，多樣化的生命型態逐漸演化為我們今日所知的動植物。

腳

殼

下顎

殼

觸角

2億3千萬年前
恐龍出現

6,500萬年前
恐龍滅絕

人類演化於
20萬年前

現代大氣層

在過去2億9千萬年的大部分時間裡，地球都要比現在更溫暖。當時地球的極圈冰冠很小或是根本不存在，所以全球的冬天一度很溫暖。棕櫚樹生長的地方最遠可到北邊的加拿大，許多種類的動植物棲息於地球的兩極地區。科學家研究空氣中的氣體所造成的影響，進一步瞭解氣候如何改變。你可以在第110～111頁瞭解更多關於氣候的知識。

北極光

北極光（或稱極光）是自然界中最美妙的景象之一。從九月至四月間，位於北半球的國家，如挪威、冰島、芬蘭和蘇格蘭，在高於**磁極**的地方上，有顏色的光線會在你眼前跳躍舞動。在你欣賞的同時，極光的形狀和顏色也會隨時改變，通常極光會像巨大的布幕一樣從天空垂下來，過不了多久又會再度改變形狀。

極光

北極光的來源比它的外觀更神奇，人們願意長途跋涉只為了見上極光一眼，但是製造出這些光線（又稱極光）的物質穿越了更遠的距離。太陽風將高電荷粒子送往地球形成了北極光，這些粒子以高達160萬公里的時速，從太陽到了地球！

北極上方的北極光

磁效應

離開太陽不到兩天後，帶電粒子進入了地球大氣層，形成壯觀的極光秀。這些太陽風中的粒子與地表80～800公里高的任何一處大氣層碰撞，並順著地核生成的磁力線流動到具有高電荷電場與磁場的區域。極光生成的顏色端看粒子遇到的氣體、以及它們在大氣層的哪些地方相遇而定。

解碼多彩的天空

北極光與南極光出現時呈現「卵形線」，也就是我們從下方圖片中看到的多色布幕，這些極光的顏色有其背後的意義：

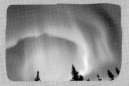  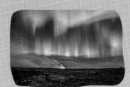 

綠色	紅色	藍色	紫色或藍紫色
粒子在約於地表上方 240 公里處和氧氣相遇。	粒子在高於地表上方 240 公里處和氧氣相遇。	粒子在約於地表上方 97 公里處和氮氣相遇。	粒子在高於地表上方 97 公里處和氮氣相遇。

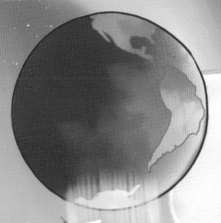

南極上方的南極光

南極光

太陽風攜帶的粒子也會進入南極磁點並在南半球形成相同的極光秀，在這裡生成的極光又稱為南極光。

令人安心的顏色

這些在北極或南極生成的神奇極光秀提醒了我們，地球大氣層每天保護我們免於太陽或宇宙的危害。就算是體積較大、可能會撞擊地面的隕石，都會在離我們遙不可及的地方、在大氣層厚實的保護層中燃燒殆盡。

學會飛翔

在今日，我們視飛行為理所當然。昆蟲在我們頭頂嗡嗡地飛舞，鳥類在樹林間飛行，而蝙蝠在夜空中輕掠而過。但是早期的爬蟲類、蝙蝠和鳥類如何在數百萬年前，發展出翱翔天空的能力？以及更重要的一點，為何要發展出這項能力？

演化

演化論中提到所有生物都有關聯，當基因突變發生（見第54～55頁）變化會從已存在的物種遺傳給未來的下一代，使得有機生命體更多元。在第46頁中，我們瞭解科學家可以檢測化石記錄，並找出第一次生命體演化出飛行能力的證據，下圖為在德國找到的翼龍化石。

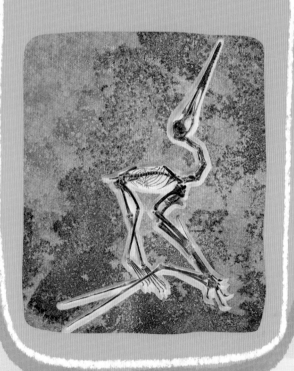

翼龍是飛行爬蟲類，也是最早演化出飛行能力的動物，存在時間約於2億1千5百萬年前。牠們是飛行動物中體型最大的一種，大型翼龍的雙翼展開可達7～11公尺。

風神翼龍
是所有翼龍中最大型的一種，
牠重如一架鋼琴，
大如一台倫敦巴士！

如何展翅高飛

化石記錄顯示有些生物曾一度演化發展出基本的飛行能力，牠們的後代更進一步變成更有效率的飛行者。飛行動物比陸地生物多擁有好幾項優勢，牠們可以找尋新的土地、更迅速逃離掠食者，以及可以從天空更有效率的捕捉獵物。牠們也可以將雛鳥餵養於安全、其他生物難以到達的地方，就像這隻海鷗一樣，牠們也是存活機率最高的動物。

翼龍、鳥類和蝙蝠

有三種不同的動物族群發展出飛行能力：翼龍、鳥類和蝙蝠。科學家仔細研究了這三大動物族群的化石遺跡，以瞭解牠們如何演化出飛行的能力。但是至今仍然有未解的疑問：到底為何需要演化飛行能力？科學家無法斷定飛行能力是從地面開始（例如，從地面奔跑的生物），還是從樹梢往下發展（從會跳躍或滑行的祖先）進化而來。

最早的鳥類出現於1億4千萬年前。
不同於翼龍，鳥類是恐龍的後代，
更重要的是，牠們演化出羽毛。

蝙蝠大約於 6,000 萬年前演化，
可能是從會滑行的祖先進化而來的。
就像翼龍一樣，蝙蝠的雙翼
由延展於掌狀骨架的皮膚薄膜組成。

空中的恐龍？

研究恐龍的科學家稱為古生物學家，他們認為翼龍是最早會飛行的動物之一，大約在2億2千5百萬年前，由具有奔跑能力的生物演化而來。大多數人認為翼龍是恐龍的一種，牠們和恐龍活在同一時期，也大約在相同時期滅絕，但其實牠們是一種爬蟲類。翼龍在約於6,600萬年前滅絕時，就已經演化出飛行的能力了。

翼龍飛行的原因？

那麼翼龍是為何開始飛行呢？也許是飛行能力可以幫助牠們躲過掠食者，又或者是可以讓牠們捕捉移動迅速的獵物。不論是哪一種理由，具備飛行能力是一種優勢，因為在空中跳躍或滑行的生物難以捕獲！翼龍的飛行能力代表牠們可以找到新的狩獵地點和容易捕獲的獵物。

恐龍和鳥類

從恐龍到另一群能飛行的生物：鳥類。又稱為獸腳亞目（即三趾恐龍，暴龍也屬於其中）的恐龍族群演化為鳥類。記錄上最古老的鳥類是始祖鳥，牠介於鳥類與恐龍之間。始祖鳥是有羽毛的鳥類，但是也具有骨質尾巴和牙齒。

空氣是好幫手

一些科學家檢視翼龍化石後，難以理解這些大型爬蟲類如何從地面起飛，雖然牠們有細長**中空**的骨架，但是翼龍體型壯碩，可能是空氣幫上了一點忙！恐龍時期的空氣較重、密度也較大，比現今的空氣密度重了3.5到8倍，而這個特點有助於翼龍在空中翱翔。可以翻到第86頁，了解空氣如何幫助飛行。

翼龍的雙翼

翼龍的意思為「有翼的蜥蜴」，不同於鳥類，牠們沒有羽毛，但是牠們與蝙蝠相似，有薄薄的皮膚包覆著肌肉和組織。巨型雙翼由非常小的手掌所支撐，牠們從手臂到雙翼的尖端延伸出一根很長的指骨，可用來支撐和控制雙翼。

鳥類和蝙蝠

鳥類是所有飛行動物中最多元的族群，牠們的祖先在1億4千萬年前就開始飛行了！翼龍可成功飛行歸功於中空骨骼內的氣囊，以及實用的呼吸系統，使牠們的體內隨時都充斥飽滿的空氣，這點對飛行的幫助極大。蝙蝠是哺乳類中唯一演化出飛行能力的動物，有些哺乳類，如蜜袋鼯，看似可以飛行，但實際上是在滑行而已。

體內的空氣

鳥類善於飛行，因為牠們懂得利用體內和體外的空氣，加上中空輕量的骨骼和高效率的呼吸系統。平均而言，鳥類的呼吸系統約占身體的五分之一，但是哺乳類的呼吸系統只占身體的二十分之一，因為相較於行走和跑步，飛行所需的空氣更多，所以鳥類的超級呼吸系統是不可或缺的要素。

軍艦鳥的雙翼展開為 210 公分長，
但是牠的骨骼重量甚至比羽毛還輕上許多！

鳥類的氣息！

鳥類的呼吸系統和其中空的骨骼相連，牠們的肺部很小卻與體內的氣囊系統相連，氣囊又跟骨骼內的空隙相連。儲存於鳥類體內的空氣會經過兩次呼吸循環。當鳥類吸氣時，空氣不會在吐氣時直接送出，而是會經過複雜的呼吸系統，在第二次吐氣時，從羽毛離開體外。

1. 第一次吸氣，空氣（藍色部分）移動到氣囊中。

2. 第一次吐氣，空氣移動到肺部裡。

3. 第二次吸氣，空氣移動到胸前氣囊。

4. 第二次吐氣，空氣離開身體。

鳥類的雷達

當鳥類以高速飛行時，避免互相撞上彼此是件十分重要的事！鳥類擁有在高速飛行時，將訊息直接從眼睛傳到腦，再反應到翅膀的能力，這一點有助於鳥類輕易地穿梭於樹林之間。鳥類也具有絕佳的神經系統，牠們演化出反應敏捷的大腦和銳利雙眼，可消化所有感受到的資訊。所以當鳥類高速衝上空中時，牠可以從大腦迅速地傳遞訊號給控制雙翼的肌肉，這一切的特點使得游隼（世界上最快的鳥類）以超過320公里的時速飛行！

蝙蝠的雙翼

科學家認為蝙蝠從會跳躍或滑行
的哺乳類演化而來，如鼯猴或飛狐。
蝙蝠的前肢具有精密交織而成的薄膜，
關於蝙蝠的化石證據很稀少，
代表著早期蝙蝠的起源
就這樣消失在時間的迷霧了。

起飛！

我們看過翼龍、鳥類和蝙蝠為了飛行發展出的一些方法，但是牠們最先是如何飛上天空呢？答案就是升力，如果你曾在移動的車輛上把手伸出窗外，會感覺到空氣從手的上方和下方通過。移動中的車輛使你的手在高速下穿過空氣，因此空氣就會在手的兩側流動！動物周圍的空氣運動對牠們起飛時非常重要！

升力大多與飛行有關連，但是船上的舵、帆船的帆和賽車的擾流板也可以製造出升力！

加拿大雁

這種鳥在冬季時需要飛行遠距離，在空中的時間長達好幾星期，在24小時內最遠可以飛越2,414公里。牠們是如何辦到的？

1. 當空氣遇到翅膀前端，就會分成往上流動跟往下流動。

2. 翅膀的上半部比下半部更長。

3. 在翅膀上方流動的空氣比下方更遠，所以空氣會加速流動與下方空氣在同時間會合。

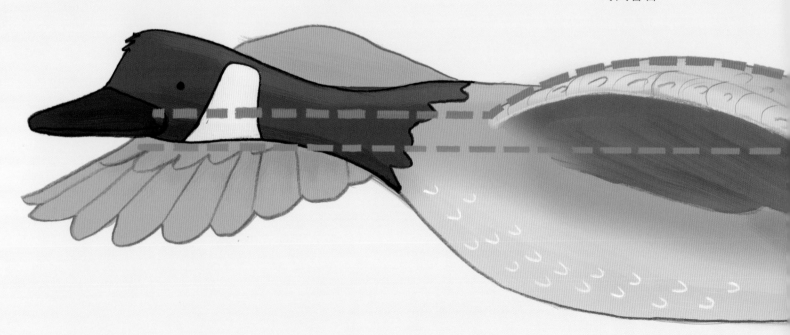

四種力量

當鳥類開始飛行時，流過身體旁的空氣和自然力開始作用。飛行最重要的力就是「升力」，還有使其往前移動的「推力」、受地心引力影響而感覺到的「重力」，最後就是飛在空中時感受到往後牽引的「阻力」。

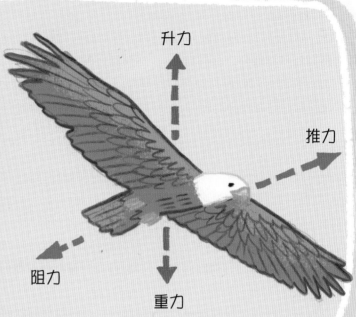

4.因為翅膀上方的空氣移動速度快，上方的氣壓會比下方的氣壓小。

5.翅膀受力往上，鳥也會跟著往上飛。

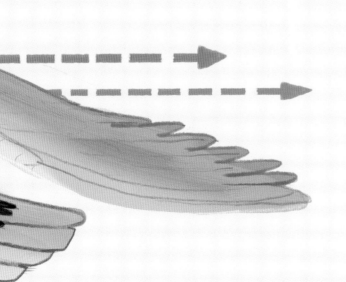

升力實驗

用拇指和其他手指夾住一張紙，如下圖所示。往紙的上方大口吹氣，你有注意到紙飄起來了嗎？那就是升力！當你往紙上方吹氣，空氣從紙上方離開，氣壓消失，這時紙下方的氣壓比上方更大，所以會將紙往上推動！

飛行歷史

人類征服天空以來，已經過了約110多年。在此之前的好幾個世紀，人們試著瞭解飛行原理和嘗試飛行，在早期的嘗試中，人們會用羽毛或木頭製成的翅膀綁在手臂上揮動，大部分的測試結果當然是慘不忍睹！因為人類肌肉不像鳥類一樣強壯，也沒有具有氣囊的中空骨骼幫我們一把！我們來看看人類最終是如何征服天空的吧。

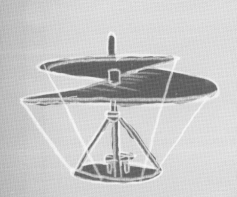

西元1505年

在最早記錄關於鳥類飛行的書中，義大利天才李奧納多‧達文西也寫過一本，他還同時畫出飛行機器的細節，包含了直昇機和降落傘！

西元1783年

法國的皮拉特瑞‧德羅齊埃（Jean-Francois Pilatre de Rozier）和弗朗索瓦‧洛朗‧達爾郎（Francois Laurent d'Arlandes）為首次使用熱氣球升空的人。不幸的是，德羅齊埃死於兩年後的一次飛行，使他成為空難記錄上的首位罹難者。

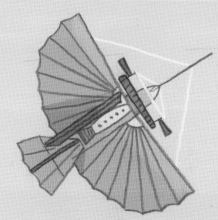

西元1901年

首次具有電力驅動、手動操作的飛機，可能曾起飛與降落美洲。居斯塔夫‧懷海德的「第21號」飛行器飛了800公尺、離地15公分高才再度緩緩降落。

西元1939年

德國飛機亨克爾178成為首架以噴射引擎推動飛上天空的飛機。

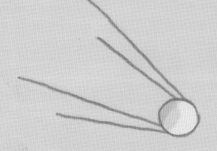

西元1957年

蘇聯發射繞著地球軌道的首台人造衛星史波尼克1號。

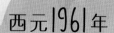

西元1961年

蘇聯太空人尤里‧加加林成為首位進入太空的人類。

西元前5世紀

中國哲學家墨子和魯班是放第一面風箏的人,他們使用製帆的技巧,加上風箏線和使用竹子做成的風箏框架。

西元前400年

據說古希臘哲學家阿爾庫塔斯製作了一台以蒸汽為動力的機械鳥,而且飛了200多公尺。

西元19年

人類飛上天的初次記錄就在中國,一名不知名的人乘著裝置飛上天,有人形容這台裝置輕巧、具有像是鳥類的兩雙大翅膀,頭部和身體都布滿了羽毛,顯然這段航行在掉落前持續了幾百步的距離。

西元1903年

美國萊特兄弟常被視為是世上最早發明出電力驅動與可操控飛機的人。許多人早在萊特兄弟前就已飛上天際,但是這對兄弟是第一位有明確記錄和照片證明飛行的人。

西元1906年

在1906年時,首次出現不需外部起飛輔助裝置(如軌道或彈射器等)的飛行器,羅馬尼亞人特拉伊安·維亞(Trajan Vuia)完成了比空氣重且自走式航空器飛行的首次記錄。

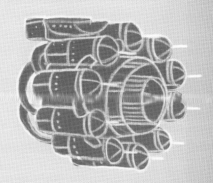

西元1930年

英國發明家弗蘭克·惠特爾發明了噴射引擎。

今日

空中巴士A380是世上最大的飛機之一,通常可承載500多名乘客,而且它的機身大到世上只有20個機場的跑道可以讓這台空中巴士降落。

熱氣球

第一台飛天的機器是熱氣球,這項發明巧用了空氣特性而非模仿鳥類飛行。氣球內部空氣經加熱後溫度升高,空氣中的分子互相分離使得空氣體積膨脹,密度比周圍的空氣更低,低密度熱空氣會飄在高密度冷空氣上方,如木頭漂浮在水上一樣(因為木頭密度比水低)。賓果,氣球就可以飛上天空了!

現代飛機

我們知道鳥類有輕巧的骨骼和氣囊，讓牠們能輕鬆飛上天際。風箏能飛起來不讓人意外，因為竹製骨架幾乎沒有重量，而且風也可以輕易吹起蠶絲和紙。但是乘載著上百人的沉重巨型飛機要如何起飛，並維持飛在天空中呢？下面就是這些神奇鋼鐵大鳥背後的科學原理！

有人要搭順風機嗎？

你可以翻回第86～87頁，複習一下升力和用紙做的小實驗。當你朝紙上方吹氣，使得壓力消失，而紙下方的壓力變大推動紙張往上飄，同樣的原理也適用於飛機，只是飛機的重量比紙張重太多了！所以一架飛機必須在跑道上衝刺，累積足夠的速度讓機翼上方的空氣移動，一旦升力大於飛機的重力，飛機就能飛上天空。

攻角

為了幫助飛機產生升力的條件，飛機機翼有其特殊造型和呈傾斜狀，機翼的形狀稱為「攻角」，此角度為機翼前緣，須面對迎面而來的空氣。人們瞭解攻角的角度越大升力也越大，反之角度越小升力也會變小。雖然道理顯而易見，不過其實飛機的起飛比起在空中維持穩定速度飛行，還來得簡單多了。

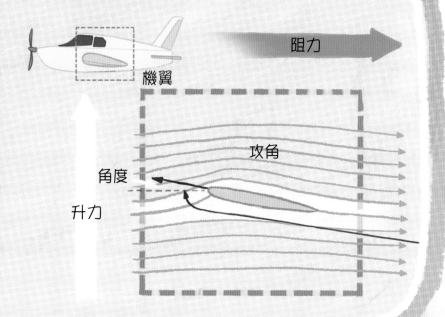

阻力

機翼

攻角

角度

升力

噴射引擎

飛機為了要持續在空中飛行，需要平衡重力和阻力，否則不會往前移動而是會往地面墜落。我們知道升力如何作用，但是飛機也需要推力才能移動。大型載客飛機配有噴射引擎，利用空氣加速往前移動。飛機引擎用「噴射」空氣的方式增加推力，引擎的前端吸入空氣，再透過引擎擠出去，接著加上燃料，燃燒了混合物（稱為化合物）。你可以看第154頁瞭解更多與此相關的資訊。噴射引擎推動熱廢氣排出引擎後端，因為反作用力，所以相反的方向產生了相等推力，使得飛機可以往前移動。

空氣進入引擎前端。　空氣擠進引擎。　空氣遇上燃料變成化合物。　排出熱廢氣，飛機往前移動。

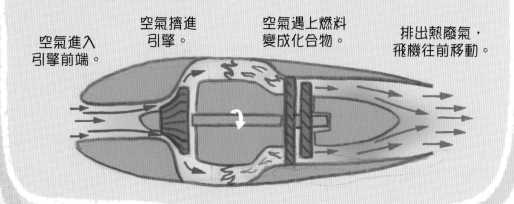

天空中的路標

你曾經想過有多少人同時一起飛在空中嗎？統計數據顯示，每年有30多億的乘客會搭乘2,500萬班次的飛機。分析師檢視數據後知道平均每次飛行約為2小時，並且算出不論是何時都會有約70萬人一起在天空翱翔，所以空中其實很擁擠呢！

航空交通管制

空中的交通量越來越大，但是飛機不像道路一樣可以照著飛行，因此航空交通管制的工作就是維護大家在空中的生命安全。有一群在地面上的人稱為飛航管制員，專門負責指揮天上上千架飛機的動線。在美國空中交通流量尖峰時段，每天有超過5萬架飛機橫越美國境內。航空交通管制使飛機可以在彼此的安全距離內飛行、協助飛機起降，以及天氣轉為惡劣時通知機師。飛航管制員工作順利的一天就是沒有任何問題發生、班機沒有誤點或是墜機！

飛行路線

在理想世界中，飛機飛行路線會是兩點間的最短直線，乘客不但能更快抵達目的地，燃油使用量也最低。從球體（如我們的地球）的A點到達B點的直線稱為大圓弧距離，不過有時飛機必須偏離這條路線，以紐約到新加坡的班機為例：大圓弧路線會經過北極，不過飛機會採取大圓弧以南或以北較長的路線，以利順著強風飛行，或在緊急時刻發生時可降落於更近的機場。飛機可能也會因為空中交通量、氣候惡劣，或偶爾因為戰區及禁航區而偏離大圓弧航線。

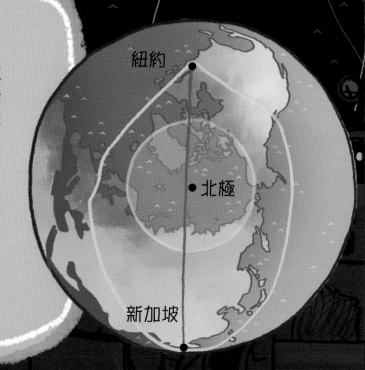

紐約

北極

新加坡

—— 最短路線　　　飛機實際飛行的路線

天氣延誤班機

我們來看一下從美國西岸到中國的北太平洋大圓航線，飛機會先飛往西北邊的阿拉斯加，再朝南往中國飛行。而若是飛機需面對強烈逆風，那麼即使飛行距離較遠，選擇偏南的路線反而會比較快抵達。有時太平洋會出現如颱風（見第125頁）的暴風，這也表示飛機必須避開這些自然災害。

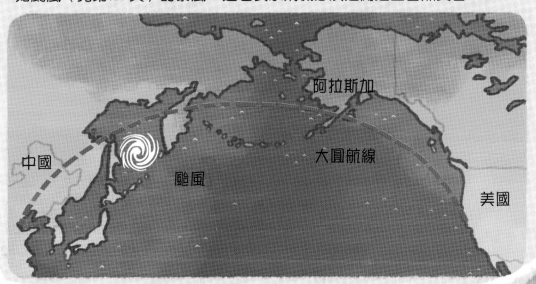

阿拉斯加

中國

颱風

大圓航線

美國

空域

地球上有數千組飛航管制人員，但是這些不可能同時間監控整個地球，所以地球上方的天空被畫分為好幾個區域。每區都有自己需要監控與確保安全的方格，在同一區內工作的每組人員都有不同種類的飛航管制員。

飛向太空

人類的飛行史並未在地球上畫上終點，我們駕馭飛機的能力使我們從地球上的天空到了黑漆漆的外太空。我們比大自然的飛行生物又更進了一大步！科學家想出了突破大氣層前往太空的方式，那就是火箭！太空旅行需要運用到火箭科學，但是你不需要地球上最複雜的火箭才能抵達太空，只要跟電線杆差不多大小的火箭就可以了，前提是它要飛得非常快！

脫離！

要離開地球的條件就是正確的脫離速率，這表示需要擺脫地心引力所需的速度。如同大部分的引擎，火箭的運作方式為燃燒油料並將其轉換成氣體。它的引擎會將這些氣體從底部推出去，這就能製造出推動火箭往特定方向移動的推力。

噴射引擎和火箭引擎

噴射引擎的燃料只能使用空氣中含有的氧氣才能點燃，但是火箭引擎是在無氧的太空中運行，所以火箭需要自備氧氣，使用液體燃料的火箭上會有液態氧氣槽，而使用固態燃料的火箭則會攜帶混合氧氣的一種化學物質作為燃料。

4. 主要燃油槽開始點燃、分離主體接著在重返大氣層時燃燒殆盡。

2. 火箭的第一節燃油槽燃燒殆盡後分離主體。

3. 燃油槽配置了降落傘，所以會緩慢飄回地球。

1. 火箭將太空船發射到空中。

高枕無憂

從地球旅行到太空是小事一樁，但是要停留在空中不會墜回地球表面，或者是持續飛行到另外一個星球，你就必須以每秒8公里的速度飛行！如此一來，你的太空梭需以28,000公里的時速移動，才能待在繞著地球轉的軌道上或繼續它的旅程。

5. 太空船
進入地球上方
的衛星軌道。

6. 太空人組員
執行任務。

7. 太空船掙脫了
軌道循環。

阻力真掃興

當太空船回到地球時，大氣層會讓太空梭知道它的存在。當重力將太空船牽引回地球時，會穿過許多層大氣層並產生摩擦力。這種摩擦力又稱為空中的「阻力」，是太空船和空氣中所有粒子摩擦而產生的。這使得太空船產生極大的熱能，所以太空船必須設計成能夠承受攝氏1,650度的高溫！

8. 太空船重新進入
地球的大氣層。

9. 太空船降落
回到地面。

人類和空氣

每個人都需要呼吸才能活下來，但是空氣是如何進入我們的身體，我們又是如何從中獲得氧氣加以利用呢？每個人平均一天吸氣和吐氣超過2萬次，現在讓我們來看看空氣在其中一次呼吸中的旅程吧！

鼻子、鼻竇和氣管

空氣從你的鼻子和嘴巴進入身體，接著往下通過稱為氣管的部位與肺部。你的鼻子內有許多又短又硬的毛髮和黏液，它們可以在空氣進入身體時過濾其中的灰塵和其他微粒。鼻子和黏液還可以使吸入的空氣變得溫暖潮溼，這樣空氣才不會讓敏感的肺部過於乾燥。

前進肺部

肺部是呼吸過程中最主要的部位，而且肺部的功能就像是幫浦或風箱。人類有兩片肺葉，但是左邊的比右邊的稍微小了點，才有空間給心臟。肺部下方有一大片肌肉組織，稱為橫膈膜，它可以上下移動控制吸氣和吐氣。當這片肌肉緊縮時，你會吸氣讓空氣進入肺部，一大口的空氣大約可以為你的身體帶來上億兆（100,000,000,000,000,000,000,000）的氧氣分子。

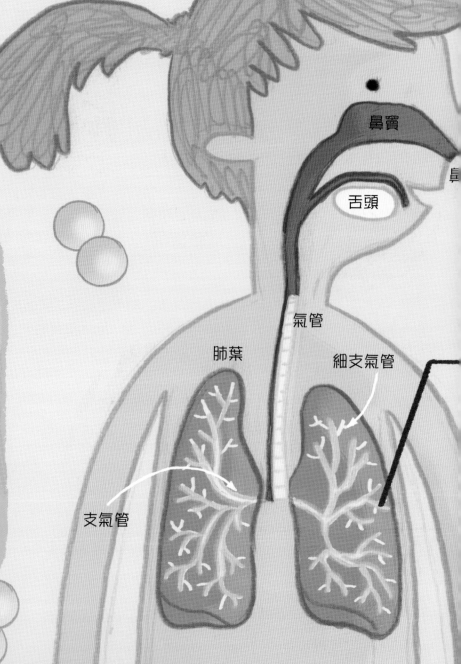

鼻竇

舌頭

鼻

氣管

肺葉

細支氣管

支氣管

進入血液 的空氣

你的肺部就像是上下顛倒的樹木，樹幹就是氣管，而主要的分支稱為支氣管。它們會分成更小、更細的氣管，稱為細支氣管，氣管的末端則是有著細小管道和氣囊的肺泡。氧氣分子會在肺泡內分解後進入血液，肺泡也是二氧化碳離開血液、隨著反向的呼吸旅程經過嘴巴和鼻子從身體釋出的地方。

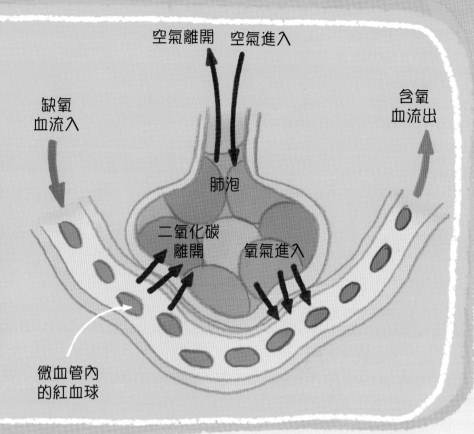

空氣離開　空氣進入

缺氧
血流入

含氧
血流出

肺泡

二氧化碳
離開　　　氧氣進入

微血管內
的紅血球

你的肺部總共有
約 3 億個肺泡，
它們可以為呼吸提供
75 平方公尺
的廣大溼潤表面積。

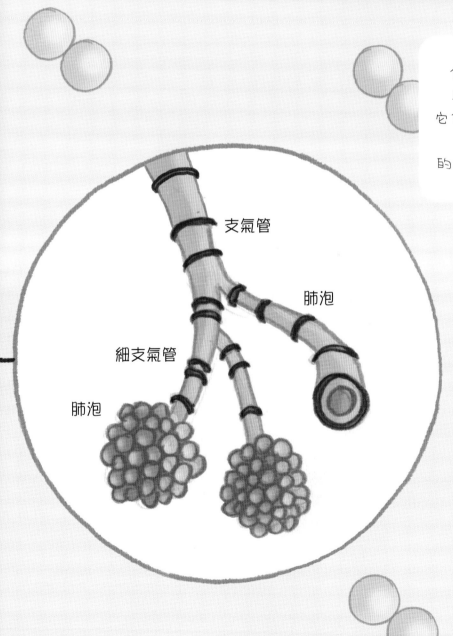

支氣管

肺泡

細支氣管

肺泡

體內循環

一旦血液細胞將氧氣送到肺部後，它們會繼續往心臟前進，接著心臟會將血液送到身體各部分。紅血球帶著氧氣和其他重要化學物質到體內各個器官與肌肉，讓這些器官發揮作用及讓身體正常運作！

聲音

想像一下，如果生活中沒有聲音會如何呢？你聽不到每天身邊的上千種噪音，也聽不到人們講話的聲音，更別提音樂或鳥兒鳴叫了。大部分的人不曾真正體驗過完全靜默的時刻，甚至連一分鐘也很難，我們一直能聽到空氣四周的聲音，但是它的原理是什麼呢？為了讓你有點概念，想像一下聲音像是水的波紋。

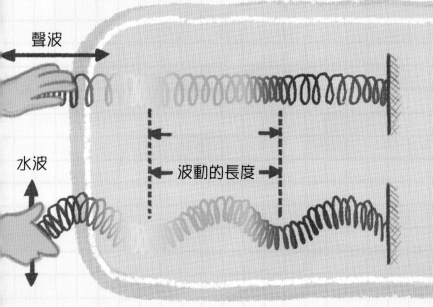

聲波

水波

波動的長度

聲波

聲音以波狀傳播，但是聲波和水波不同，水波沿著表面傳遞、隨著水往前流動時上下移動，聲波則是透過**振動**四周的分子縱向傳播。聲音傳遞時可以穿過固體（如金屬）、液體（水）和氣體（空氣），當物體振動時，振動發出的聲音就會進入你的耳朵，讓你聽到它！

聲音的原理

想像一下手機收到訊息時，會聽到那聲「叮」，這是由手機迷你喇叭所發出的。迷你喇叭是非常小的碟狀裝置，又稱為膜片。當手機讓膜片前後移動，它會振動手機周圍的空氣，使得手機周圍的空氣也跟著振動。如此一來，空氣分子也會跟著前後移動，製造出你所聽見的「叮」一聲。

叮！

推推拉拉

當聲音透過空氣傳播時，聲波使得空氣分子聚在一起（壓縮），接著分開（延伸）。聲音將空氣前後推拉，製造出波狀圖形，波狀圖形可大可小。大聲波會產生大噪音，因為它們具有高**振幅**。可以藉由波長測量出每段聲波之間的距離。

空氣分子

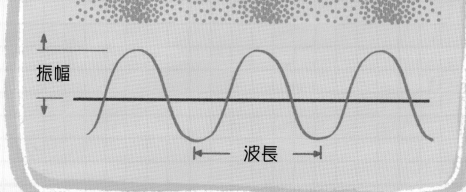

振幅

波長

音調

好幾個世紀以來，人們會用音調來形容不同種類的聲音。高的聲音，如吱吱叫的老鼠，即為高音調；低的聲音，如老虎吼叫，就屬於低音調，這是因為老鼠比老虎每秒製造出更多的聲波。

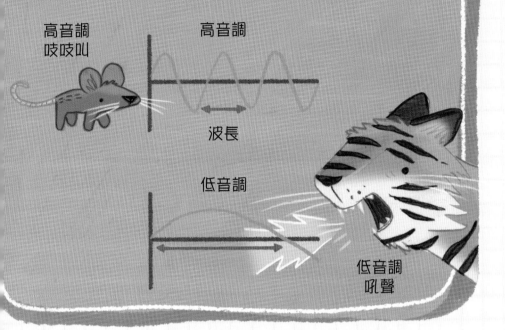

高音調
吱吱叫

高音調

波長

低音調

低音調
吼聲

音量

聲音的另一個重要特質就是音量，即為聲音的大或小聲。大聲的聲音有高振幅，而小聲的聲音有低振幅。聲波傳播到遠方時會逐漸消失，所以你離聲波源頭的距離越大，聽到的聲音就越小。人類可以舒服聽到的聲音有特定範圍，其中最大聲的聲波接近於大型喇叭。

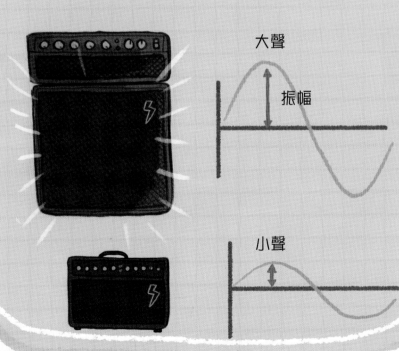

大聲

振幅

小聲

聲音度量衡

聲音可以用**分貝**（dB）來衡量，分貝數字越高，聲音就越大。

140分貝：噴射飛機起飛
（任何高於這個音量的聲音就會永久損害你的聽力）

120分貝：搖滾演唱會

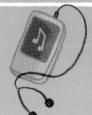

105分貝：MP3播放器轉到最大聲的程度

95分貝：大型交響樂團的演奏會

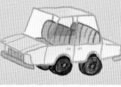

85分貝：街上的交通聲響

75分貝：吸塵器

65分貝：一般談話聲

20分貝：輕聲細語

15分貝：樹葉的颯颯聲

口語

如果要瞭解口語的演化，我們先想像一下地球上第一位人類當時所處的環境，我們知道這些人是獵人與採集者，必須追蹤和獵殺動物並以此為食。當時的生活一定過得不容易，比如突然的噪音或風暴都可能嚇跑**草食性動物**，使得獵人更難抓到獵物。人類祖先可能是學會如何辨識風暴成形的預兆（像是開始烏雲密布或吹起大風）。祖先知道這些預兆會嚇跑動物，又或許是他們創造出一連串的咕噥聲和手勢，以便警告其他人風暴即將來臨，需要快點結束狩獵。也許這些咕噥聲就是口語的開端！

說話和聆聽

我們的身體發展出能說出口語，以及聽到他人說話或瞭解口語的能力。因為空氣通過喉嚨和嘴巴，才產生了聲音（見右頁）。人類可以用嘴巴的一部分和喉嚨改變聲波的形狀，進而製造出多種聲音：人體中的聲帶、舌頭、牙齒、上唇和口腔和雙脣都是製造聲音的其中一員。在哼出聲時，試著移動雙脣，聽聽看這些動作對發出的聲音有什麼影響！我們的耳朵可以接收別人製造的聲波，然後傳遞訊號給大腦解讀。

研究口語的人通常會畫出舌頭的位置來辨別特定的聲音。

你好

汪！

啦啦啦……

呱

沒問題！

口語的運作方式

人的風箱（氣管）是從喉嚨通往肺部的一條管子，在風箱的頂部是音箱（喉嚨）。喉嚨包含了兩條帶狀組織稱為聲帶，當人呼吸時聲帶會往旁邊移動完全打開，但是在講話或唱歌時，聲帶會延展緊繃，所以，當空氣從肺部呼出時會經過緊繃的聲帶，讓聲帶振動並產生聲音。

說話時聲帶閉合　　聲帶

呼吸時聲帶打開　　聲帶

喉嚨

高高低低

你的聲帶越短振動得越快，講話時聲音的音調就會越高。

喉嚨的變化

在**發育期**階段，人類的喉嚨和聲帶也會成長，這表示它們會變得更長，所以發出來的聲音也會變得低沉。對男孩來說，這種成長的變化可能會非常大，意謂男孩的聲音會明顯地變低沉，而且喉嚨可能會在脖子上出現明顯的凸起，這就稱為「喉結」。

語言

早在早期的人類歷史中，祖先們就創造出一套說話的系統幫助自己生存下來。有些科學家認為，今日地球上的每種語言（從國語到英語）都是從至少10萬年前，非洲第一個單一的古代語言演化而來。當早期人類約於7萬年前離開非洲開始遷徙，語言也拓展到世界各處。

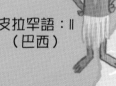

因紐特語：22
（格陵蘭）

數數聲音

有一個理論是透過計算各種語言使用的音素（聲音的單位）數目，追蹤離開非洲的語言旅程。科學家對500多種世界各地的語言做過這項計算，並在地圖上標示出來。這些音素的數目依語言不同而有所差異，但是有些南美洲的語言只有少於15個音素，非洲南部的薩恩人則使用了驚人的200個音素。

夏威夷語：13（單位為音素）

瓦拉奧語：21
（委內瑞拉）

皮拉罕語：11
（巴西）

聲音的單位

音素是聲音的最小單位。在英語中，音素可為單一字母（例如「b」或「c」）、一對字母（例如「sh」或「oo」），或是三個字母（例如「igh」或「ure」）。所以，在講出這些字母「b」和「c」所製造出的聲音代表著不同音素，這就是為什麼在「bat」（蝙蝠）和「cat」（貓咪）中，雖然三個字母後的兩個字母相同，但是聽起來卻如此不同的原因。

離開非洲

你可以從地圖上看到，各民族語言中不同數目的聲音（或音素），只要越接近非洲，數目也會跟著增加。這些不同音素數目的語言可能與我們祖先（見第56～65頁）遷徙的路徑互相呼應。這是因為語言在世代傳承中有所改變，你可能不會使用祖父母曾經使用過的某些字詞。當祖先首度開始遷徙至世界各地時，有一大群人，如早期留在非洲南部的先人使用的語言變化並不大，這是因為還有許多人記得所有字詞和聲音。離開非洲展開旅程的人分散為較小族群，每個族群都有不同經歷，所以各族群可能會捨棄不會用到的字詞，並創造出可以反映日常生活所需的新字詞。

阿爾契語（Archi）：91
（達吉斯坦、俄羅斯）

俄語：38

□語：46

德語：41

法語：37

波斯語：30
（伊朗）

國語：32
（中國）

韓語：32

日語：20

孟加拉語：43

庫爾德語：47
（伊拉克）

博多語：21
（印度東北方）

他加祿語：23
（菲律賓）

達哈洛語（Dahalo）：59
（肯亞）

薩恩語：200
（非洲南部）

巴布亞諸語（Roro）：14
（巴布亞新幾內亞）

祖語（Xu）：141
（南非）

本德嘉蘭語
（Bandjalang）：16
（澳洲）

聲音就像基因

語言中的聲音就如同我們在第52～55頁提到的基因一樣（當然語言演化得比基因快上許多）。比方說，現今非洲原住民的基因多樣性比歐洲白人原住民的基因更廣泛。

動物的聲音

你是不是希望自己能跟老虎說話？或是幻想也許能跟黑猩猩聊天，或對著犀牛咆哮？雖然我們不能理解動物的語言或行為，卻可以推測出溝通對所有動物的生活來說有多重要，在許多溝通方式中，動物主要使用聲音來溝通，動物製造出的聲音比人類的聲音更多元，所發出的音量、波長和音調範圍更廣泛。

聽到「老鷹」警示叫聲時，
猴子們會往下躲藏到樹叢或樹林中，
空中掠食者就無法捕捉到牠們。

猴子把戲

猴子是聰明的溝通者。源於非洲東南部的長尾黑顎猴，牠們會發出警示聲警告群體中的其他成員，有掠食者正虎視眈眈。牠們的叫聲中也包含了同伴應該採取的動作，舉例來說，「咳嗽」聲表示空中出現掠食者，所有聽到警示的猴子都知道必須往下爬到地面，並躲在茂密的植被中。如果是像花豹之類的地面掠食者在跟蹤群體，牠們就會發出另一種警示聲。

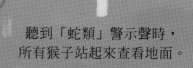
聽到「蛇類」警示聲時，
所有猴子站起來查看地面。

蝙蝠不笨

蝙蝠的視力不好，但是牠們發展出用聲音打獵的聰明方法。蝙蝠會發出超級高音調的聲音，聲音往外延伸後遇上物體時就會反彈回去，這稱為回音定位，因為聲波會反彈，就像回音一樣。蝙蝠會仔細聆聽這些反彈的聲波，藉由計算聲波反彈的時間長短，就能知道自己的所在位置、附近有什麼物體，更重要的是牠們的獵物在哪裡！

動物特技

當動物在「說話」時，通常為一個種類的成員發出聲音讓其他同伴理解，但不是每次溝通都能順利進行。舉例而言，雄性的東加泡蟾會發出求偶聲吸引雌性，但是監聽聲波的縫脣蝠也能聽見東加泡蟾的叫聲並用聲音定位，接著把牠們全部吃下肚！

聽到「花豹」
警示聲時，
所有猴子會迅速地
爬到樹梢。

水中的聲音

聲波不但可以在空中傳遞，也可以穿越固體和液體，所以水底下的生物也可以互相溝通，雄性座頭鯨可以發出各式各樣的聲音，範圍涵蓋了高音調的短促叫聲到低沉咕噥聲。座頭鯨最為人所知的事情，是吟唱出傳遞到海洋遠處的神奇歌曲，牠們發出的聲音結構複雜，就像一篇交響樂曲，而且一次可唱好幾個小時。大家相信座頭鯨用唱歌與同類「講話」，雄性座頭鯨則用唱歌來吸引雌性。

音樂

當空氣用一種規律的方式振動就會產生音樂，音樂是一種聲音的組成模式，這些隨著空氣振動而成的模式可以用人聲、樂器、電腦發出來，甚至是結合這三者。我們相信介於4萬到10萬年前，人類開始創作岩洞壁畫和珠寶等藝術時，我們的創作力往前躍升了一大步，有可能這些人也在同一時間開始製作出音樂。

野性的呼喚

科學家對祖先最初製作的音樂持有不同的理論，有些人相信音樂始於早期人類複製動物的叫聲，接著使用這些叫聲作為男性和女性間求偶的聲音，動物發出的規律叫聲音模式可能讓人聽起來十分悅耳。所以藉由複製自然界的叫聲，早期人類將音調、咂嘴聲、口哨聲與哼唱聲加入了他們的音樂習性中。你也可以試著哼出或用口哨吹出一個曲調！

音樂和說話

音樂和說話很相似，尤其是非洲和亞洲所使用的部分語言，如祖魯語、國語和越南語，這些有「音調性」的語言使用音調和音高描述字詞的意義，和字詞的本身一樣。實際上，同樣的字詞可以用不同音調產生出不同意義，可想而知，說話和音樂也許是一起發展出來的。

早期的樂器

祖先們最早創造出的樂器由石頭、木頭、獸角與骨頭所製成。回溯到3萬5千年前，石器時代的岩洞壁畫，畫出人們吹奏原始笛子的模樣。也有1萬年前的壁畫顯示出一名男子彈奏弓琴，他用嘴含住弦的一端，並用一手撥動弦的另一端，現今還有好幾個非洲文化族群仍然會演奏弓琴。

鼓

鼓也是早期的樂器之一，木縫鼓就是把木頭挖成一個盒子並在上方開一道或多道狹縫，其他種類的鼓則是在木製碗或框架放上延展的獸皮簡單製成。這些鼓可用木棍或手用力敲擊鼓面或狹縫而發出聲音，敲擊使樂器振動，連帶空氣也跟著振動，如此就會產生聲波並在樂器內部中空的音箱內發出回音。

樂器

當人類演奏音樂時,除了用人聲之外,我們還可以吹奏、敲擊或彈奏樂器!現代的管弦樂團就是多種樂器一起演奏,樂團通常分成四個群組:木管樂器、銅管樂器、弦樂器與打擊樂器。木管樂器和銅管樂器群組包含了可以吹奏的樂器,如單簧管、小號和長笛;有弦的樂器,比如小提琴透過演奏者挑動、撥動或是琴弓拉動琴弦時產生聲音。眾多種類的打擊樂器皆需以敲擊或搖動的方式才能發出聲音。

最初的樂器

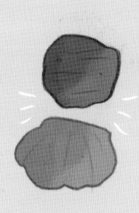

西元前60,000年

石器時代的人們是最早製造音樂的人,他們創造出最初的岩洞壁畫和最初的音樂。他們的早期樂器已經是由骨頭、木棒、石頭和貝殼相互敲擊而製成的打擊樂器。

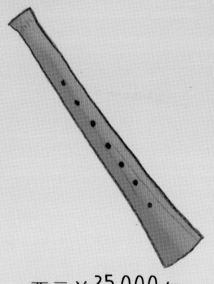

西元前35,000年

住在霍赫爾菲爾斯(Hohel Fels)洞窟的人用禿鷹翅骨與長毛象象牙製作出長笛。霍赫爾菲爾斯洞窟位於今日的德國。

西元前2500年

在古代美索不達米亞(位於今日的伊拉克、部分為土耳其和敘利亞)城邦的烏爾,音樂家演奏了有弦的樂器,如豎琴和魯特琴。

西元前1000年

中國樂器如鐘、管鐘,以及出現於約3千年前,稱為笙的口琴。

最初的笛子

許多管樂器由最初的笛子發展而來,笛音的產生來自於管內的空氣柱,當演奏者改變音調時就會產生旋律,音調依照管內空氣振動的容量而定。從古代開始,音樂家藉由鬆開和壓緊笛身上的孔洞來改變音調,壓緊孔洞代表著空氣從樂器離開的地方越少,所以空氣柱會比較長,振動的空氣越多音調就會越低。

最初的弦樂器

豎琴為最早的弦樂器之一，它的聲音來自於撥動琴弦後，振動四周的空氣而產生聲音，魯特琴用類似的方式發出聲音，但魯特琴的琴身有長琴頸與共鳴板，共鳴板可以讓琴弦振動的聲音擴大。

笙

笙為由豎立木管所組成的口琴樂器，當空氣吹過，木管內的簧片就會振動，吹奏笙的人要同時吹出和吸入空氣才能使聲音持續不中斷。

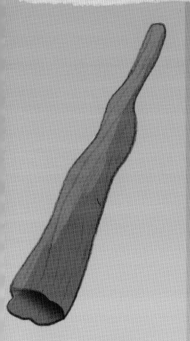

西元500年

澳洲的原住民發展出一種木製長形樂器迪吉里杜管，它的外觀如同一根中空的長竿。

西元1200年

西班牙出現早期吉他，這種樂器將拉緊的弦置於中空盒子上。撥動吉他弦時，其中空的琴身會使音樂更大聲。

西元1530年

義大利北部發展出小提琴，不是撥動琴弦，而是在弦上拉動琴弓來演奏小提琴。小提琴的聲音取決於琴身形狀、製琴木料和琴身厚度。

西元1700年

鋼琴是弦樂器，不過不是用撥動，而是改用敲擊的方式來演奏。藉由鍵盤上的黑白琴鍵啟動小木槌敲擊琴弦，鋼琴龐大的木製琴身作用等同於揚聲器，可傳遞琴弦振動空氣所產生的聲音。

迪吉里杜管

演奏迪吉里杜管時十分有趣，為了不讓樂音中斷，演奏者必須持續在用鼻子吸氣的同時振動嘴脣，並從嘴巴吐氣。演奏者的雙脣和呼吸使得樂器內的空氣柱以不同頻率振動，但是聲波也會傳到演奏者的聲帶，所以藉由改變舌頭的形狀和位置就能產生不同的音調，就某方面看來，是迪吉里杜管在演奏人體呢！

天氣與氣候

看看窗外的天氣跟昨天是否相同呢？天氣是區域性且短暫的現象，也許在你住的世界這一角明天會下大雪，但是過了幾天後，雪就融化消失不見了。但是氣候是全球性長期的現象，氣候不是某個地方的天氣，而是長時間下來大區域性的標準天氣條件。實際上，要改變氣候可能需花上數千年或更久的時間。

影響氣候的原因是什麼？

氣候改變的原因很複雜，我們的地球可能需要好幾千年，溫度才會上升一度。除了冰河時期的循環（見第200～201頁），地球氣候還可能受到火山、植物、陽光多寡，以及大氣層中不同氣體量的變化等的影響。

氣候的起伏

過去的數百萬年來，地球氣候一直處於長時間冷氣候（冰河時期）與短時間暖氣候兩者間不斷交替。因為地球繞太陽運轉的軌道發生細微的變異，所以產生氣候，這些變化會影響地球的大氣層和地表各處接受的熱量。

冰河時期時，
冰原覆蓋了絕大部分的地表。

人類因素

如果氣候如預期般持續出現冷暖氣候交替的模式，現在我們正準備邁入新冰河時期了。極圈的冰原將悄悄融化並再度淹沒大部分的陸地，溫度將會降到跟7千年前相同的程度，但是現在並非冰河期……如今地球只剩極圈有冰原，這是因為人類對地球造成的衝擊。

農業影響了空氣

有理論指出：就在氣候原本應該下降時，農業開始興起。農業始於約1萬1千年前（見第42頁），到了7千年前，農業對地球造成了巨大衝擊。人類馴養的大量家畜（動物在打隔和放屁時會釋出甲烷）使得進入大氣層的甲烷量增加，伐木也釋出了更多的二氧化碳，這兩種因素改變了空氣中的自然平衡，也可能是溫度維持恆定而非下降的原因，所以也許是人類延後了下個冰河期的到來。

氣候變遷

近年來，人類對大氣層與地球的影響與日俱增。來自世界各國的上千名科學家一致認為，1906～2006年間，地球的平均溫度上升了攝氏0.74度。

17個紀錄上最熱的年度中，有15個出現於2000年之後。

氣候溫暖的速率在過去50年來加倍成長。

全球氣溫的模式有了重大改變，炎熱的日子和熱浪成為常見現象，寒冷的日子越來越罕見。

風與空氣

我們頭上的空氣很少會停滯不動，我們可以感受到空氣變成風時的變化，空氣的氣流和大海一樣會衰退和流動，風就是因此產生的。風可以在一個區域內或是全球出現。全球性主要氣流的產生，其因是地球赤道區域所受的太陽熱能比極圈更強，暖空氣上升並於冷卻後下沉，形成圍繞著地球的氣流，也就是構成地球的環流系統。

地表空氣的全球環流落於赤道上方與下方的三大帶，它們是……

極地東風帶

旋風

地球持續以逆時鐘方向旋轉，雖然我們感覺不到它在移動，但是卻能以白天和黑夜的形式分辨它在移動！從北極通過地心往下到南極是地球的軸心，地球會跟陀螺一樣以這個軸心旋轉。地球的旋轉也是旋風成型的部分原因。

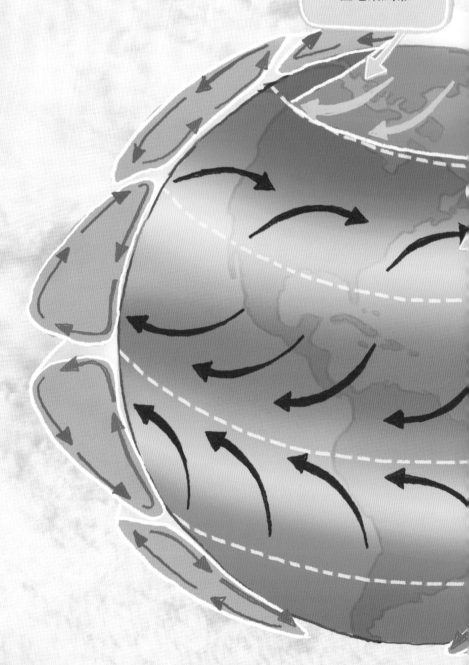

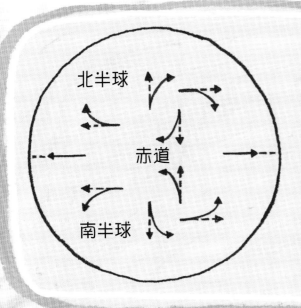

北半球

赤道

南半球

科氏力效應

因為地球自轉，沿著地球流動的氣流在北半球會以順時鐘方向往右偏轉，在南半球則是以逆時鐘方向往左偏轉，這使得風流動的路徑呈現曲線，科學家將這種流動稱為科氏力效應。科氏力效應代表著，在三大主要氣流循環帶的氣流，變成了稱為「東風帶」和「西風帶」的氣流。

如果地球沒有旋轉，那麼空氣只會在兩極和赤道之間繞圈循環。

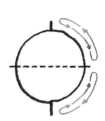

氣團

氣團就是停留在地球表面特定區域的大量空氣，當它們沿著地球移動時仍會保有專屬的特性，意思是這些氣團在產生之後就維持著相同溫度和溼度，空氣團四大主要的分類如下：

赤道氣團（E）、熱帶氣團（T）、極地氣團（P）和北極氣團（A），這些分類也可以和其他小寫英文字母結合，透過這樣的方式，顯示出氣團產生的地點在地表的大陸上方（陸地上方），或是海洋上方（水面上方）。

中緯度西風帶

熱帶東風帶

極地大陸氣團（cP）
成形於極地區域，
氣團經過陸地，
所以特色是乾燥與涼爽。

北極大陸氣團（cA）
成形於北極圈，
特色是非常乾燥
與非常寒冷。

極地海洋氣團（mP）
成形於極地區域，
氣團經過海洋，
所以特色是溼潤與涼爽。

熱帶海洋氣團（mT）
成形於亞熱帶海洋區域，
特色是非常溼潤與溫暖。

熱帶大陸氣團（cT）
成形於亞熱帶大陸區域，
特色是非常乾燥和溫暖。

赤道海洋氣團（mE）
成形於赤道的溫暖海域上方，
特色是非常溼潤和炎熱。

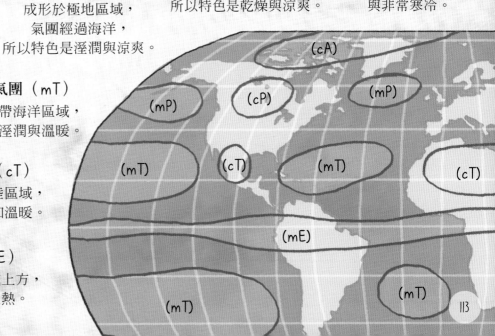

認識雲

雲是水循環的一部分，翻到第 194～195 頁，閱讀更多這個過程的知識。

空中的水氣

大氣層中的水分會改變，最高可能會達到 4% 的含量，但在其他時間裡，空氣可能是極度乾燥的狀態。當空氣溫度上升，可容納的水氣也會變多。

抬頭看看天空，不論你在地球的哪裡都可能會看到雲朵！

你曾經幻想過你要把手伸得多高才能碰到雲朵嗎？如果能摸到雲朵又是怎麼樣的感覺呢？這些又大又白、軟綿綿、看起來像棉花一樣的雲朵其實是由許多微小飄浮在空中的水珠所組成，實際上，幾乎所有的天氣都由風與水組成。雲、風、霧、雨和雪中都有水的存在。

卷層雲

卷積雲

高積雲

在最高的這層，卷雲完全由水晶所組成。

在中間地帶，你可以找到卷層雲和高積雲。

卷雲

高雲

層雲

層積雲

積雲

雲的象徵

如果你決定外出觀雲，知道每種雲的速記符號會讓你輕鬆許多。如此一來你可以在觀察天空時迅速且輕易地記下雲的種類。雲的主要種類和一些附屬種類都有專屬的特殊符號。

雲的種類

雲能以各式各樣的形狀和大小出現，只要多一點練習，觀雲者可以學會如何辨識主要種類的雲，我們把雲分成下列三大項：

層雲＝層狀的雲
積雲＝堆積狀的雲
卷雲＝羽毛狀的雲

瞭解雲的種類也可以讓你知道雲所在的高度。雲朵會出現在對流層中的三種不同高度：

低雲＝低於2,000公尺
中雲＝2,000～6,000公尺
高雲＝高於6,000公尺

層雲出現的位置比較靠近地面，它們是位置較低的雲與霧。

雨層雲

每層區域的雲

有些種類的雲傾向待在三個區域中的某一層，而其他種類的雲所分布的範圍可能很廣，舉例來說，積雨雲可能從對流層最低的區域一路延伸到最高的區域。

低雲

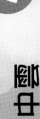

積雨雲

中雲

聖嬰現象

1997年下半年，世界各地的天氣突然變得有點奇怪。美國加州照理來說為乾燥地區，卻降下破紀錄的降雨量，使得河水決堤、洪水氾濫，造成住宅損毀、堵住繁忙的交通路段。然而，在橫跨一個太平洋的東南亞，卻是完全相反的情況，那就是降雨量不足。數十起野火延燒旱地，濃密的煙霧瀰漫空中，使得白天變成了傍晚。這兩處出現的問題都是受太平洋上的天氣影響，又稱為聖嬰現象。

聖嬰現象如何發生

地球的天氣很大程度上仰賴風和海洋，海水不但溫暖也會形成更多的雲與降雨。風通常會將赤道上溫暖的海水吹往印尼，當風勢變弱或是突然改變方向時，就會產生聖嬰現象。科學家尚未確定觸發此現象的原因，但是推測可能跟地球自轉以及海洋產生的海浪有關。風向改變使得溫暖的海水往外擴張接近南美洲，使得海岸旁通常為涼爽的海水溫度升高，產生多雲與多雨現象。

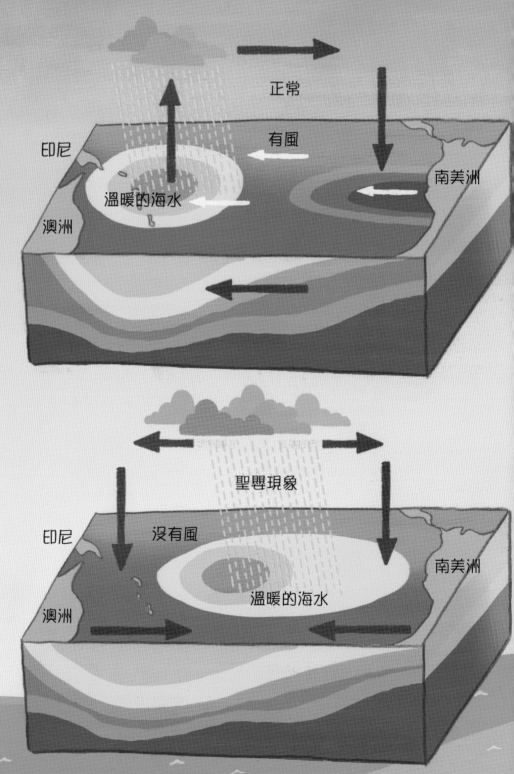

印尼
正常
有風
南美洲
溫暖的海水
澳洲

印尼
沒有風
聖嬰現象
南美洲
溫暖的海水
澳洲

聖嬰現象的暖流

聖嬰現象在西班牙語中代表「耶穌的孩子」，因為它抵達南美洲海岸的時候通常為聖誕節期間，即為基督徒慶祝耶穌基督誕生的時候。

食物與健康

聖嬰現象改變了全球正常的風向與天氣模式。太平洋風向的一點小改變可能會對其他的風與水循環造成連鎖反應，進一步影響與它們相近的其他循環等等，直到離原本事件距離非常遠的地點也受到影響為止。聖嬰現象也對這些受影響區域內的食物與人類健康造成衝擊。

在通常為降雨量多的區域，突然的旱災可能會導致種植於當地的作物枯死。

聖嬰現象也可能對人類健康造成危害，潮溼溫暖的環境常會滋生傳播疾病的昆蟲和鼠類。

何時會發生？持續多久？

聖嬰現象每兩到七年間會發生一次，科學家通常可提前六個月預測出來，而風向的變化可以持續九至二十四個月這麼長。

代價

因為聖嬰現象造成的洪災、野火、暴風雨及土石流，造成的代價高昂。在1997年的天氣異象結束後，總共約造成了330億美元的損失。

分析空氣

航行是規劃和指引旅程的一門科學，要在陸地上記錄身邊環境並不難，不過在海上時四周看起來都一樣，所以早期水手要找出自己的所在位置是件十分困難的事。現今，航海可透過經度與緯度（見第220～221頁）定位，但是在此之前，水手需要仰賴自己對星象和氣象的觀察。生活在西元約700至1100年的維京人就是解讀環境的專家，他們運用了自己的知識航行於海上。

與大自然融為一體

維京人如何航行橫跨水域？他們觀察風向、天氣和野生動植物，同時也是敏銳的天空觀察者。維京人大多是漁夫或農夫，所以十分瞭解大自然。憑著觀察太陽和繪製星星的位置來追蹤所在位置，當天空出現濃霧或烏雲，就會用觀察鳥的方式估計自己的位置，有些鳥永遠不會飛離陸地太遠，因此認得這些鳥類可以幫助維京水手確認是否接近了自己熟悉的地方。

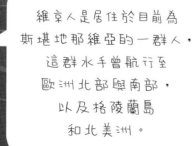

維京人是居住於目前為斯堪地那維亞的一群人，這群水手曾航行至歐洲北部與南部，以及格陵蘭島和北美洲。

感官

維京人用五感中的四種來航行與帶領船隻，藉由仔細聆聽鳥類的鳴叫聲和海浪拍打在海濱的聲音，維京水手可以聽出距離陸地有多近。當風吹過臉龐時，也可以用觸覺找出風向和風速。他們可以聞出樹木、植物甚至是遠處柴火燃燒的味道並推測陸地位置。最後，他們可以看出天氣與頭上雲朵的細微變化，有助於辨別風向。

最先通過終點線的人

維京人將航海技巧運用在尚未探索的海域，這代表他們是首批抵達美洲的歐洲人，他們約於西元1000年抵達美洲，比克里斯多福·哥倫布早了近5百年（見第218～219頁）。

氣壓計

現今，我們可以利用氣壓計測量氣壓以解讀空氣。氣壓高時通常代表著好天氣；氣壓低時則表示即將有暴風降臨。第一個氣壓計創於1644年，由義大利人埃萬傑利斯塔·托里切利（Evangelista Torricelli）所發明。

中國與風

有時候風也能影響人類歷史的進程。中國古文明的繁盛要歸功於一種稱為黃土的土壤。這種肥沃、沙塵狀的黃色土壤由許多層沉積物或淤泥所組成，疾風夾帶這些沉積物並沉積在中國土地上。過去數千年來，逐漸累積成為土壤。古代中國的疾風從沙漠地區把此種肥沃的塵土帶到**高原**，並產生了肥沃的農地，這塊區域後來就成為了中國古文明的搖籃。

吹過喜瑪拉雅山脈的風

形成黃土的風來自印度。幾百萬年前，在今日印度所在的大陸地殼板塊與亞洲板塊相互推擠，世界上最高的喜瑪拉雅山脈也隨之形成，因為山脈太高聳，影響了四周的空氣，並生成新的氣流。當這股風吹過喜瑪拉雅山脈的另一端時，帶起了乾燥的黃塵土與礦物質微粒到中國中部高原。然後，中國人即用這肥沃的黃土種植作物。

喜瑪拉雅山脈

風

黃土

黃土並非一般的塵土，而是一種富含礦物質的土壤。當黃土和植物物質結合時，就形成最適合種植作物的淺色沃土（可以在第20頁瞭解更多土壤的知識）。中國黃土起源於中部高原，因為該地的氣候十分乾燥，落於土壤的黃土不會被沖走，而是在原地堆積成高於91公尺厚的土層。當風流動時，會像大型輸送帶一樣，將黃土吹往中國各處，這也是為什麼中國是世上首先種植稻米的地方之一，因為這些地方有最適合生長作物的土壤。

秦始皇兵馬俑

中國古文明能發展出龐大的規模，都要歸功於他們種植出足以餵飽人口的額外食物。西元前770年左右，中國長城的建造剛跨越了中國帝國的北方邊界。當中國首位帝王在西元前210年過世時，他就被埋葬在此區，身邊還有一批兵馬俑軍隊保護著他。這支被黃土掩埋的軍隊包含了一系列的雕像，兵馬俑本身亦由黃土製成。

兵馬俑軍隊包含8千多名的士兵、130台戰車和670匹馬俑，此外還有軍官、雜耍演員、大力士及音樂家。

風

風

中國長城

兵馬俑

農地

中國

高原

現代的中國都市皆位於沿岸

沙漠風

在地球上，澳洲是受到風影響最深的大陸。占地廣大的澳洲中部又稱為「內陸」，絕大部分是沙漠。這裡的地景過於貧瘠（表示環境品質不佳）不適合農作，所以沒有城市、鮮少有人定居在此，這是因為風帶走了土地的養分。實際上，電影製片者經常在澳洲內陸拍攝火星電影的場景！

雖然澳洲內陸的居住環境不好，還是有些動物以此為家。

內陸涵蓋澳洲內地、絕大部分的北方與西北方，占地數百萬平方公里。

紅土

澳洲內陸的大部分土壤呈現紅色，這是因為土壤中包含了鐵，而空氣中的氧氣將鐵變為生鏽的顏色。澳洲內陸彌漫著大批塵土，這邊的土壤因為太陽的曝晒，枯黃且非常乾燥，這些因素也代表著人們無法在此進行大範圍的耕作。

棕樹蛇

棕樹蛇

漠坪

澳洲中部離地面數千公尺的上方,有一股強大環狀氣流籠罩著。數千年以來,這種旋風在這片大陸上不斷打轉帶走了沃土。對中國來說,風帶去了沃土,但是在澳洲內陸,風帶走了沃土和養分,只留下砂礫。因此原因而產生的地景又稱為「漠坪」。

沙塵暴

大型沙塵暴帶走澳洲內陸的土壤,如果風勢夠大,就會一路吹向雪梨等澳洲東部的城市。在2002年,創紀錄的暴風綿延2,000公里,帶走了近450萬噸的沙塵,絕大部分的沙塵最後落入了海中,使得海中出現大量藻華。藻類是一種水生植物,因為落入水中的沙塵夾帶了額外養分造成環境衝擊,使得藻類快速增生。

澳洲刺蜥

兔耳袋狸

適應環境的人類

氣候與風對最初定居於澳洲的人類並不友善(見第58～59頁),這片大陸貧瘠又乾燥,自然而然使得人類分成小族群,並依照獵人與採集者的生活方式,以採收野生植物過活,而不是轉為農作。另一方面,在地球上有著沃土的地方發展出強大古文明,農作將人們聚集在一起形成大族群。

信風（貿易風）

地球上吹動的風匯聚成東風帶或西風帶的氣流（翻到第112～113頁瞭解更多相關知識）。大約在5百年前，人類發現可以利用這些氣流獲得優勢。歐洲人想要探索世界上更多地方，因此展開了航程，他們注意到如果在歐洲或非洲西南岸啟程，風通常會將船吹離沿岸，並往西南方向移動，因此很難逆向航行，於是他們想到了與其對抗風向，不如利用風向從東方往西方探索！

返程

後來抵達美洲的歐洲水手發現返程變得有點棘手。如果往東航行，就會迎上起初帶著他們前往加勒比海的西南信風；因此他們反而沿著美洲海岸往南走，最終遇上平穩地從西方吹往東方的風（現在稱其為西風）這道風帶著他們一路橫跨了大西洋。

名稱背後的意義

把這些探索家從東方吹到西方的信風又稱為「貿易風」，當時的英文「Trade」（貿易）其實意為「路徑」，而且往東吹的風也是當時水手穿越大西洋的途徑。到了18世紀，信風在各國之間往來的貨品貿易占了重要的角色，使得這個單字跟商業有所關聯，也變成了現代英文中的貿易之意！

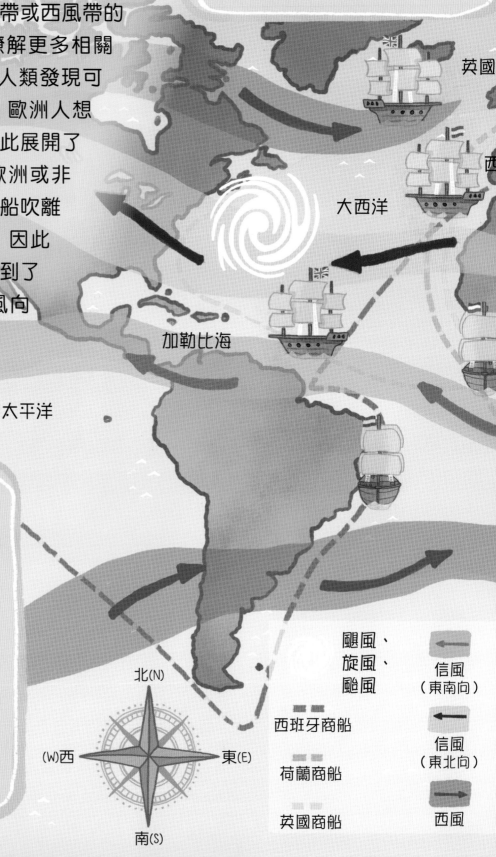

英國

西

大西洋

加勒比海

太平洋

北(N)

(W)西   東(E)

南(S)

颶風、旋風、颱風

西班牙商船

荷蘭商船

英國商船

信風（東南向）

信風（東北向）

西風

風連結了大家

在大西洋間往來的通商航路，多是用來運輸從加勒比海到歐洲的甘蔗等作物，但也用來運輸非洲的奴隸到加勒比海小島。甘蔗農場的老闆需要人力種植作物，所以他們從非洲擄獲奴隸以填補人力需求，直到19世紀廢除奴隸制度為止。其他的文化因為信風而連結在一起，荷蘭人往南航行到非洲，接著順著西風到了印尼。西班牙人也藉著東風和菲律賓人展開貿易，先前從來沒有互動的族群因為風而連接在一起。

荷蘭

太平洋

菲律賓

印尼

印度洋

颶風、旋風和颱風

狂風、暴雨和雷電，當出現這樣的天氣時，它可能稱為颶風、旋風或颱風，視你在地球上的所在位置而定。在大西洋和太平洋東北區域，巨型暴風稱為颶風；而太平洋西北部稱為颱風；南太平洋和印度洋則稱為旋風。信風的氣流影響了巨型風暴路過的方向，這表示加勒比海地區、非洲東岸、東南亞和澳洲東北岸的風暴絕大多數是這種類型。

乘風遊樂

為什麼我們總是希望自己能夠像超級英雄一樣翱翔天際？這可能是因為自古以來，人類總是夢想著張開雙臂像鳥兒一樣飛翔！我們在第88～89頁讀到，如李奧納多‧達文西等發明家如何設計出飛行器。當然，現在我們可以輕易跳上飛機飛上天空，但是有些人還是希望能體驗傳統的飛行方式，因為這樣才能真正享受飛行的樂趣！

滑翔翼

跳傘

帆船

風箏飛行

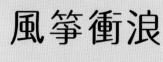

風箏衝浪

風箏衝浪

我們知道升力可以在翅膀上產生作用，對風箏、帆船、滑板、風力發電機等也能產生作用。這是因為不管是哪一個方向都能產生升力，以風箏衝浪為例，浮力可在帆布上產生作用，帆布又連結著把它往下拉的滑板。風箏衝浪玩家要平衡兩種力量才能在海浪上滑行，憑藉著風力，玩家可用高速滑行、施展技巧，看看他們可以從波浪上跳起來的時間有多久、有多高！

飛鼠裝利用升力產生效用，
原理跟我們之前在
第86～87頁提過的方式相同，
典型的飛鼠裝
在腳和手臂的部分呈現蹼狀，
才能提供飛行者所需的升力。

飛鼠裝

1990年代末期發展出的飛鼠裝，表示人們穿著特別飛行服就能在空中滑翔。用飛鼠裝飛行的方式結合了高空跳傘和滑翔，飛鼠裝飛行員必須從飛機上或高山頂點往下跳，這樣才有足夠的高度讓飛鼠裝產生作用。飛行員為了要安全降落，在靠近地面時會釋放降落傘，慢慢降落地表。

史上的最高風速

科學家測量地球上最高風速，發現是在多風的格陵蘭南部費爾韋爾角，風速通常可達每秒20公尺！

穿飛鼠裝滑翔

拖曳傘

風力

在歷史上，人們也研究如何運用風力並從中獲益。也許你曾在住家附近的山丘上看過風力發電機，風會推動扇葉以產生電力，讓風力成為今日使用的**再生能源**中最乾淨的來源，像丹麥就從風力取得40%的電力！不過你知道嗎？人類早就從2千年前或更早之前就在利用風能了，透過風車的形式，讓風轉動扇葉，藉此使得連結風車的機器跟著運作。

古希臘人相信火代表能量、力量與熱情，其中有些人甚至認為在所有元素當中火最重要，但是火存在的時間不比其他三個元素久遠。地球擁有的條件必須剛剛好，才能使得第一次的火花出現。自從火照亮我們的地球後，人們經常視它為進步和知識的象徵，因為它的力量帶來變革，促使了人類發展。即使是在現代，火也十分危險且不可預測，所以我們必須小心使用。如果我們需要記得火的力量有多強大，只要仰望天空上那團名為太陽的巨大火球就知道，火不但支配了地球也支配了太空！

火焰！

火和其他三個元素有很多相似之處。我們可以感受到火，就像我們能感受到土壤、空氣和水。我們可以把火從一個地方帶到另一個地方，但是火有個特別之處。土壤、空氣和水都具可以獨立存在的物質，它們是由稱為**原子**的分子連結在一起所組成，但火不是物質——它是物質燃燒後，改變了型態所產生的能量，只有在物質燃燒時才會產生火。

化學反應

地球上的火來自空氣中的氧與燃料（如木頭）間的**化學反應**，若要使燃料著火，就必須有夠高的溫度讓它燃燒。

當木頭達到足夠的溫度，即會產生化學改變並釋出氣體和小分子的碳，我們可以看到這些分子以煙的形式飄在空氣中。

化學反應也會產生熱能，讓火可以持續燃燒。當燃料繼續加熱就會產生光，這就是我們看到的火焰。

有火就有焰

你想到火的第一個印象是什麼呢？可能是高溫或橘黃色光芒，大概也會聯想到火中間閃爍著的火焰，它就像火的舌頭，你永遠無法預測到它接下來會在哪裡結束，火焰看起來是如此隨機又不可預測。

火焰的顏色

火焰有各種顏色。我們習慣看到的火焰多是橘色或黃色，但火焰的顏色取決於燃燒的物體、溫度高低。如果你在火焰中看見不同的顏色，通常是因為火中的溫度不一致所產生。

火焰頂端溫度較低的部分為黃色或橘色。

火焰底部溫度最熱的部分為藍色。

在地球上，重力使得火焰往上燃燒，較為沉重的空氣被往下拉，而火焰中較輕的氣體會往上飄。太空中沒有重力，所以火焰可能為圓球狀！

有火之前

我們先從地球的生命之初說起，地球誕生於46億年前，大約就是
4,600 百萬年，用數字寫出來就是4,600,000,000 年。地球逐漸產生
出小分子，這些小分子群聚在太陽系中炎熱的太陽四周（見第
10～11頁）。隨著時間過去，聚集在一起的小分子變成了液體和固
體，其中一些冷卻形成了海洋，另外一些則變成了固體陸地。在地
球中央，滾燙炎熱的地心象徵著地球活著、還有機會演化。

地球上的火
如何形成

46億年前，
地球開始創造出最初的型態。

約於4億7千萬年前，
化石記錄讓我們知道
陸生植物出現在地球上，
透過光合作用的過程
（見第159頁）
產出許多氧及排放到空中。

90%的地球歷史中
都不曾有火的出現，
地球是遍布沙塵和岩石
的貧瘠星球，
空氣中也沒有足夠的
氧氣可以燃燒。

24億5千萬年前
發生了大氧化事件，
空氣中首度出現了
由細菌生成的氧。

44億年前，
地球冷卻的程度
足以生成液態水。

隨著時間過去，
腐敗的植物被埋在
土壤和岩石下，
成為了化石和如煤等燃料。
你可以在第156～159頁
閱讀更多相關知識。

約4億2千萬年前，
當地球的含氧量
到達一定程度（約占空氣13%），
代表著火也可以開始發展。
乾燥植物被閃電擊中
或火山活動後
和氧氣反應開始燃燒。

大約在600～700萬年前，
地球上許多地方生長出青草。
當草乾燥並死亡後就非常容易燃燒，
也助長了火的擴散。

我們的人類祖先
在2千5百萬年出現，
我們與火的關係就此展開，
繼續閱讀瞭解更多吧……

133

火的配方

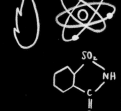

坐直身子仔細聽好了，現在我們要上一堂科學課！如果你認真想一想，其實化學實驗就像是食譜，把原料加在一起製作出全新的菜餚。我們製造火也需要一樣的東西，這種特別的食譜是一種化學配方，因為火其實就是化學反應生成的結果。火需要三種基本原料：燃料、氧氣和溫度，要點燃火就需要所有三種原料。幸好，如果你知道如何製造火，也一定知道如何撲滅它。

製造火所需的原料

1. 氧氣：這種原料十分容易取得，因為它充斥在大自然中！我們呼吸的空氣中就有氧氣。

2. 燃料：你可以使用好幾種不同的燃料來源，但是建議只用祖先最先使用的木材吧。

3. 火種：這是燃料乾燥後的版本，內有低含量的水分，所以更容易燃燒、更快著火。

4. 火花：要先有火花才能點燃火焰。

5. 燃燒：這是一種讓火焰維持下去的化學反應。

1. 準備場地

挑選製作火焰的場地，並且選擇一種可以當成燃料的材料。我們選擇木材作為配方的原料，但是大自然可是會使用所有含碳的可燃物。

2. 放置火種

火種是用來引燃火焰的材料。火種通常是主要燃料的乾燥版本，具備易燃的性質，它可以製造點燃的火焰，也是讓火焰繼續燃燒的絕佳條件。

鳳凰的迷思

希臘**神話**中名為鳳凰的鳥是與火焰相關的一種生物，鳳凰由火焰組成，誕生於快熄滅的灰燼中。如同真的火焰一般，牠的生命可以不斷地重新開始，因為舊火可以復燃。只要舊火裡添加燃料和火花，就會繼續燃燒。歷史上許多通俗傳說中都會出現鳳凰，像是《哈利波特》系列書籍的佛客使。

3.點燃火花

火花是一種熾熱、發光的分子，
可以使火繼續燃燒下去。
火花提供熱能並結合
燃料中的化學物質與空氣中的氧。
大自然可以產生火花，
如火山或是閃電，
或是藉由摩擦木棍產生的摩擦力。
現今，人們也會使用火柴，
但是沒有大人在場就不能用喔！

4.燃燒

這是燃料和空氣中的
氧氣之間的化學反應，
空氣可以使火焰燃燒。
請注意，如果你去掉燃料、
氧氣或燃燒（如高溫）其中一項，
火就會熄滅。

用火需求

想像一下在一百萬年前，祖先們生活艱困，大自然的條件嚴峻而且難以克服，為了存活下來，終其一生掙扎度日。如果晚上沒受到危險掠食性動物的跟蹤，就是需要在白天覓食，這些人不知道下一餐在哪裡。火焰的出現大大地影響了人類，不但可驅趕對人類生命造成威脅的生物、薰走令人不悅的昆蟲，甚至可煮熟食物讓食物保存更久，就有更多食物可以吃。早期的人類瞭解到火焰可透過閃電、森林大火或是火山產生，只是需要學會如何取得和控制火焰。

火的證據

人類製造出火焰是歷史上的重大轉折點之一，
但科學家無法確定初次發生的確切時間點。
當我們找到火焰遺留下的古老證據時，
要如何判斷它是由閃電、火山或人類所製造出的火？
就算火焰看似是人為所致，比方說在洞穴中的老舊篝火，
那麼如何確定是由人類製造的，或只是從自然火災帶回洞穴，
然後讓火保持不滅的結果？

捕捉火焰

我們推測史前祖先
可能是從野火中點燃木棍，
接著不斷地搧風使其維持燃燒，
用這個方式捕捉到火焰的。
多數科學家同意人類約在
12萬5千年前學會控制火焰，
但是更早的證據顯示出
人類控制火焰的年代，
大約是在20萬～170萬年前！

全球開始用火的時間

全球都有證據顯示出
火的早期用途。

在英國薩弗克的
畢曲斯坑（Beeches Pit）
顯示在41萬5千年前
曾有用火的痕跡。

在非洲尚比亞的卡蘭博瀑布
有用火的痕跡，
科學家找到
約有11萬年前歷史的碳棒。

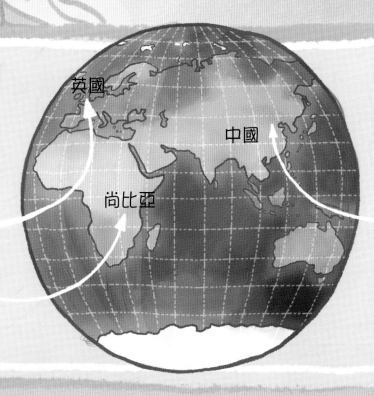

英國

中國

尚比亞

在中國的
周口店遺址，
有證據顯示早從
23萬～46萬年前
就有火了，
這些證據來自
燒焦的骨頭、
燒焦缺角的
石製手工品、
炭和灰燼，
這些證據就放在
可追溯年代的
化石旁邊。

火與食物

祖先們十分勇敢,他們首次掌握的火焰是難以預測的野火。根據他們居住的地方來看,野火應該極為罕見,所以他們必須冒險靠近火山口或是找尋野火。祖先們一定是知道火的力量後才計畫捕捉野火,我們可以從古老的神話和傳說中得知人類知道火有多危險,但是也知道火的益處。當人們馴服野火後,先用火保暖和保護自己,最後才用火來烹飪。

熱水

要在自然中找到熱的淡水是非常罕見的,所以人類學會把水倒進獸皮水壺,再丟進幾顆炙熱的石頭加熱水源。後來,他們發現在籃子外面裹上厚厚的陶土,就能直接放在火上燒熱水,陶壺也不會燒壞。

有人在煮東西嗎?

烹飪開始之初,是人們習慣圍坐在火堆旁取暖和照明,接著他們學到如果想要將肉烤熟,只需要將棍子串過肉塊,再放在火上即可。

烹飪中的化學

人類首次偶然發現化學就是因為烹飪！他們注意到陶壺不僅可以裝液體，還能放在火上加熱，並且注意到陶壺內的變化，裡面的液體改變了稠度，或是完全**蒸發**成了氣體。人類目睹了變化的過程，了解到物質可以轉變成不同的型態。

火的使用和食物需求也有助於人類理解生物學。為了避免食物中毒，早期的人類必須知道植物特性，以及烹調後產生了哪些變化。

烹飪化學的範例

雞蛋就是基本化學中火和加熱的最佳範例！仔細想想你在煮蛋時會發生什麼事？雞蛋原本是黏稠液體的狀態，但經過加熱會變成溼軟的固態，尤其是用水煮時。從黏稠液態變成溼軟固態，就是雞蛋因為加熱，所產生的化學反應。

火與人類

火點燃了早期人類的歷史。只要想一下,所有從火而開始的重要發展,
如照明、溫暖與烹飪。我們的祖先在令人驚嘆的岩洞壁畫中記錄下火
焰,所以我們知道火對他們很重要。再仔細想想,壁畫藝術若是沒有火
也不可能出現,因為藝術家需要照亮陰暗的洞窟才能看得見!

人類在火幫助下的演化史

火創造許多我們現在視為理所當然的事物,
但在數千年前,只是像晚上有燈光這種簡單的小事,
就讓人類對生命有更大的控制權。
當我們的祖先學習如何馴服大自然時,
他們也造就出對世界的衝擊。

人類能控制火焰,
就表示先祖有了火光後,
能在晚上待得比較久,
那些在黑夜中的恐怖動物和
咬人昆蟲不喜歡火焰和煙霧,
所以火焰也能讓人保持安全。

隨著時間過去,
早期人類的厚重皮毛逐漸消失,
溫暖的火焰產生了熱能,
這也表示人類較能適應
寒冷天氣了。

火幫助我們的祖先
成為更好的獵人,
他們使用火焰融化「樹脂」,
可以把燧石磨製的箭
黏在茅的末端,
而高溫還可以使茅頭
變得更堅固。

現代人

火幫助人類祖先踏上成為現代人類的旅程。隨著數十萬年過去，更健康、更聰明的人類擁有時間、腦力和材料，發明出現代生活中使用的所有物品。

煮熟食物也使人類更健康，
有些植物尚未煮熟時
人體無法消化，
但是當煮熟後，
這些食物的營養素
就會被釋放出來，
人體能吸收的更迅速。

吃熟食使得早期的人類更有精力，
這有助於他們的腦袋
隨著時間跟著發展得更大。
更大的腦袋
使人類使用木材燒焦後的碳粉，
創造出了原始藝術。

當我們的祖先變得越來越聰明，
他們開始探索起遠方
與更冷的地方，久而久之，
人類慢慢地占據了地球的
大部分地區。

火的歷史

數千年以來，我們勇敢的祖先學會如何收服並製造出火焰，
不過能夠製造出火焰，卻不代表可以好好控制它。歷史上有
些與火相關的重大事件可以提醒我們火的威力有多強大。

西元6年
義大利，
第一位消防員

最早已知的消防員和消防隊
是由羅馬城所建立。一群稱
為「維吉爾（Vigile）」的
人在火災損壞了羅馬城後受
令保護城市，羅馬城將消防
隊擴編為7千人，並為消防
員配備斧頭和水桶。

1871年
美國芝加哥大火

1871年，芝加哥發生火災，使得近300人喪命、10萬人無
家可歸。消防隊員以為火勢會在抵達河川時停止，因為水
源可作為自然的防火牆，但是河岸有伐木廠和煤炭店，以
致於加劇了火勢，
連河川彼端也因
為高溫和餘燼飛
濺而著火。

西元64年
義大利羅馬大火

當羅馬大火剛開始時，刮起
了大風，在烈火沿著狹窄蜿
蜒的巷道肆虐時，恰好助長
了火勢蔓延。搖搖欲墜的木
製建物也容易著火，在羅馬
的14個區域中，有3個區域
完全被大火摧毀，只有4個
區域逃過一劫。後來重建市
區時，把街道拓寬，以防範
未來火勢延燒。

1666年
英國倫敦大火

一名麵包師忘記蓋住炙熱的餘燼，使得火花四散，造成了這場慘烈的火災。大火在英國倫敦的狹窄巷道內延燒了4天，造成該市8萬人口之中的7萬居民無家可歸。

記取教訓

這些大火的每個案例，都給人們帶來了深刻的教訓。為了滅火，必須成立有組織的消防隊，如羅馬的維吉爾；還需要考慮城鎮的結構，像那些挨擠在一起的木建築會使火勢蔓延；更要提防火災的高溫——從芝加哥大火可得知，當火勢熾烈，就連河流這樣的天然防火牆都派不上用場。最後，重要的是要體認火舌無情，是沒辦法控制的。

1212年
英國倫敦橋烈火

中古時代的倫敦橋上都有建築物，當火災從橋的一端開始竄燒時，人們衝出房子，逃到了橋的中間打算渡河，但是強風迅速帶著火紅灰燼越過河川，並引燃了另一端的房子，將逃難的人困在中間。

1923年
日本東京，關東大地震

關東大地震在午餐時段襲來，當時許多人正在用明火煮飯。火勢完全失控，形成橫跨城市的火災暴風，強度之大甚至自成風力系統。超過14萬人喪命，許多人的腳陷入街道融化的瀝青內，無法逃生。

2009年
澳洲維多利亞，黑色星期六森林大火

這是澳洲有史以來最致命的森林大火，高溫和強風使火勢立刻延燒至整座乾燥的灌木林。請翻頁閱讀更多相關知識。

143

野火！

早期人類絕大部分都住在大自然的荒野，這些地方隨時都有可能轉變成滾燙的煉獄。整個世界突然亮了起來——應該就是當時先祖遭遇野火時的感受。野火的溫度不是數百度就是高達數千度，在今日仍舊十分危險，住在澳洲與美國部分地區的人應該深有感觸。

野火在哪裡？

閃電或火山爆發釋出的火花就能引燃野火，不過，現代中每五起野火就有四起是人為因素。野火主要起於一些處於高溫的國家森林地區遇上高溫。野火的好發地區為溼度足以生長樹林，但又有很長乾燥且炎熱的時期，多發生於夏季或秋季，當落葉和樹枝乾枯後就會變得極度易燃。

野火的生命

野火始於乾旱，
它並非從厚實與潮溼的樹林開始延燒，
而是從非常乾燥和
水分含量減少的綠草和樹葉開始。

黑色星期六火風暴

2009年2月7日星期六，又稱黑色星期六，是澳洲史上最嚴重的森林大火災難。在大火開始的前一週，一波熱浪侵襲了澳洲東南部，連續三天，溫度高達攝氏43度。在黑色星期六這一日，數百起火災肆虐維多利亞州，因為許多地方都寫下自1859年以來的最高溫紀錄。這場野火奪走了173條人命、無以數計的野生動物、摧毀了近2千棟住宅。野火對野生動物而言十分致命，因為它會破壞棲息地，而且動物通常無法逃脫火災。

野火前沿就是熊熊大火遇上乾燥的青草、樹葉和木頭的地方。在野火前沿抵達之前，枝葉會因為前沿將空氣加溫到攝氏800度而烘乾，這樣使得乾燥物質迅速點燃，也讓火勢擴散的更快。

野火前沿燒毀樹木的速度比人類行走還快，在草原上可以快上兩倍，火焰甚至會跳起來！大風帶著炙熱的木頭餘燼（火星）飛過道路、河川和其他防火線，使得離火災前沿20公里遠的地方都有可能發生小型火災。

隨著野火範圍越來越大，空氣也因為火焰加熱，形成強大的上升氣流，再不斷從外吸收新鮮的冷空氣，強風形成了火龍捲。火焰能以龍捲風的力量和速度呈螺旋狀上升，其時速可達80公里。

倫敦大火

火有各種不同的形狀和大小，從火龍捲的野火到家裡壁爐的小火都有。如同森林野火可以從小火花開始到摧毀整座棲息地；城市中的火災可能從室內開始，並迅速擴散到足以摧毀一座城市。人們從經驗中學會教訓，因此必須要牢記倫敦大火的事件，歷史才不會重演。

塞繆爾·皮普斯在日記中記錄下倫敦大火的事件

<u>1666年
9月2日週日</u>

凌晨一點：火苗從普丁巷的湯馬斯·法里諾（Thomas Farriner）麵包店竄出。

凌晨三點：當時知名的日記作家塞繆爾·皮普斯被女傭叫醒，通知有火災發生。

早上七點：皮普斯獲知火災已摧毀了300間房屋。

早上七點：聖馬格納思教堂的水房燒毀並停止供水，使得救火的成效打了折扣。

早上八點：魚販大廳最先燒毀，成為44間公司中第一個受到祝融摧毀的公司。

早上九點：羅倫斯普特妮教堂因飛燼而引燃。

早上十點：皮普斯奔告國王查理二世，請他下令倫敦市長拆毀房屋以製作防火線。

中午十二點：皮普斯與倫敦市長會面並傳達國王的旨意，但是市長回答：「我已經下令拆毀房子，但是火災擴散的速度比我們的行動還快。」

下午三點：烈火延燒至河邊倉庫，內部儲存的易燃貨物，如酒、油、焦油、煤炭和木材使火勢擴大。

<u>1666年9月3日，週一</u>

早上八點：國王查理二世和約克公爵接管消防行動，並設置「消防栓」，召集100名平民和30名步兵。

災難之後

這場大火會結束的部分原因要歸功於好運。因為當時幫助火勢蔓延的大風逐漸停息了,倫敦塔的守衛也使用火藥製造防火線防止大火往東擴散。這場大火雖然造成災難性的後果,但並非只有壞處,因為大火撲殺了攜帶腺鼠疫的老鼠,前一年牠們造成倫敦人感染一種致命疾病。

早上九點:群眾紛紛逃離倫敦,多數人逃往北方或東方。

早上十點:大火逼近康希爾與皇家交易所,市民拆掉房屋做成防火線,但是他們忘記移除街道上的垃圾,隨後垃圾著火,建物又陷入火海。

下午三點:設立更多消防栓,因為同時間倫敦周圍有23座教堂燃燒。

1666年9月4日,週二

早上五點:國王查理二世和約克公爵來到,並帶著100多枚的堅尼金幣(guinea)作為獎勵工人辛苦工作的獎賞。

下午八點:聖彼得大教堂著火。當時人們把私人財產搬到教堂的木製支架存放,因為他們認為石磚教堂不會著火,結果反而付之一炬。

1666年9月5日,週三

早上七點:塞繆爾·皮普斯登上萬聖教堂,並回報大火已經擴散到觸目所及的程度。

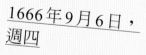

1666年9月6日,週四

皮普斯獲知有獨立火災發生於主教門,這是最後一次火災爆發,動員200多名士兵清除街道和撲滅大火。

1666年9月7日,週五

塞繆爾·皮普斯醒來發現「一切平安無事」,國王查理二世撤回了前往撲滅火勢的消防隊。

用火烹飪

還記得人類首次烹飪是用陶壺加熱水，以及把肉塊用木棍串起，放在火上烤嗎（見第138頁）？自從這些原始的烹飪方法產生以來，發生了兩件重要的事。首先，經過數千年在戶外烹飪後，人類將火帶進了室內；其次，我們瞭解火的效用、能產生的溫度有多高。憑藉這些知識，我們創造出不同種類的烤箱，以各種方式利用火產生的熱能和火苗。

磚爐

埃及人、羅馬人和其他古代文化常用石爐或磚爐烘烤麵包，爐子中間的圓頂會放置點燃的木材，使火的高溫留在內部。這種早期的設計至今變化不大，因為現在的磚爐仍然是烘烤酥脆柴燒披薩的最佳方法。

蜂巢爐

在16世紀與17世紀早期的美國，人們會將磚爐塑形成蜂窩。麵包師可以將自己認為適合的木材放進爐裡燒成灰燼，然後把手伸進烤爐內測試火的溫度（千萬不要在家嘗試這個動作！），如果溫度太燙，他們就會把爐子的門打開一點點，太冷的話就會再添更多柴火。

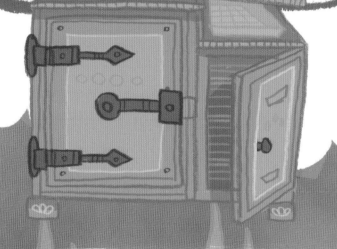

瓦斯爐

摩拉瓦（現位於捷克共和國內）的察可斯‧溫茲勒（Zachaus Winzler），在1802年記錄下首次使用瓦斯作為烹飪的爐火。到了1834年，瓦斯爐已經可以販賣給大眾使用，消費者很快就了解到瓦斯爐更方便，也比木製或煤炭爐容易維護。

鐵鑄爐

1795年，由美裔英國科學家倫福德伯爵所發明。它僅用單一火源卻有不同溫度，以此烹煮數個陶壺。不僅如此，從烤爐散發的高溫也能使房間更溫暖。

炒鍋和快炒

直到16世紀，中式料理都以美味的燉菜聞名，但是燉菜不但耗時，也需要大量木材才能使爐火繼續燃燒，當木材變得稀少，就需要找出一種更新、更快，又不需要太多燃料的料理方式，中國人想出一種十分聰明的道具，也就是今日聞名全球的炒鍋！爐火的高溫集中在鍋底，如此炒鍋就能迅速煮熟食物，彎曲的鍋身代表整個鍋子可同時加熱，所以炒鍋可一次煮熟大量的食材。

電子爐

在19世紀末，當家家戶戶都有電力後，用電力烹飪也並非難事了。電子爐內看不見火焰，因此今日有許多家庭都會使用。

火藥與煙火

煙火是不是最適合代表火焰的象徵呢？雖然煙火看起來很漂亮，但是卻十分危險！大約在西元7世紀時，中國人可能是偶然發現將硫磺、火藥和炭混合後會發出巨大的聲響！於是鞭炮隨即成為固定節慶愛用的物品，因為人們認為它發出的噪音可以驅散惡靈，但是弓箭手也會使用爆竹，他們將爆竹接在箭頭上，在打仗時朝敵軍發射。

火藥成分

自古以來，中國人就知道混合三種成分能製成火藥，其分別為：炭、硫磺和硝石（硝酸鉀，一種白色粉狀礦物質，可以提供更多的氧，讓熱煤炭燃燒更劇烈）。如果你混合這三樣物質的比例恰當，火藥就能燃起大火，噴發出炙熱的火花，這就是簡單的煙火了。

色彩繽紛

雖然是中國人研發出煙火，但卻是義大利人賦予煙火多采多姿的顏色。在1830年代，科學家瞭解到不同化學物質在燃燒時會產生不同的顏色，舉例來說，鋰的火花是紅色，鈉是黃色，而銅的火花則是藍色。

煙火和
首位太空人

早在美國太空總署（NASA）出現前的16世紀，就曾有一位名叫萬虎的人，根據傳說，這位明朝的中國官吏曾試著把自己送上太空！

萬虎的飛行器是柳編椅，
這張椅子上連接著47根
裝滿火藥的竹筒並準備引燃，
他的計畫看來萬無一失，對吧？

他叫來47位隨從，
每人手持火把，
接著叫他們上前引燃長長的引線，
隨後就發出轟隆巨響和大爆炸了。

當煙霧消散後，火箭椅不見了，
而萬虎也不見蹤影，再也沒出現過。
他不太可能因此登上月球，
但是他還是留下了名號，
因為俄羅斯人用他的名字
為一個隕石坑命名。

蒸汽引擎

「我在這裡所賣的是全世界都渴望擁有的東西，那就是動力！」這是1776年由馬修・博爾頓所說的一段話，他是出資改善蒸汽引擎的人。引擎用火加熱水，產生了蒸汽，接著用蒸汽所產生的壓力移動**活塞**並驅動機器。蒸汽引擎帶領我們走上工業生活的道路，隨後的兩個世紀，蒸汽引擎成為驅動船舶、車輛與火車的韁繩，以及在工廠替機器提供動力的來源。

蒸汽引擎的原理

一般的**火車頭**引擎包含了火箱、蒸汽管和煙囪，引擎的動力來源為火箱，因為燃料會在此燃燒。火焰的熱能將鍋爐內的水加熱，如此一來就能成為超級燙的蒸汽，從鍋爐冒出的蒸汽會對活塞**加壓**，活塞則是用來轉動火車頭的輪子，就是這麼簡單！

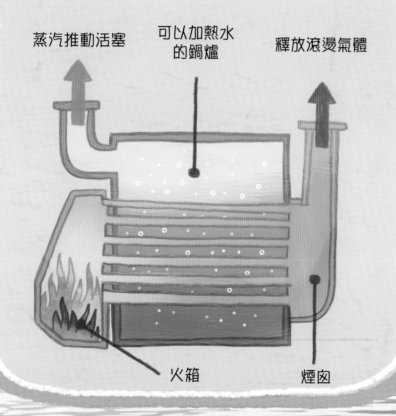

蒸汽推動活塞　　可以加熱水　　　釋放滾燙氣體
　　　　　　　　的鍋爐

火箱　　　　　煙囪

嘟嘟——！

蒸汽引擎製造出的部分蒸汽衝入引擎推動活塞，其他的蒸汽則會釋放到空中。這也是為何蒸汽火車需要在火車站裝水的原因——必須補足從鍋爐中不斷變成蒸汽排出空中的水，這也解釋了為何火車會發出「嘟嘟——」的聲音。火車駕駛員打開閥門透過汽笛釋放蒸汽，蒸汽在巨大壓力下衝出外面才發出了「嘟嘟——」的聲音！

新發明

因為人類想要用火當作動能才會創造出蒸汽引擎，在1712年，湯瑪斯・紐科門在英國德文郡架設了他的新發明——一台可從煤礦坑內抽水的蒸汽引擎。這項發明使得煤礦工人可以更深入挖掘，從地底開採更多煤礦。許多人認為紐科門是工業革命之父，你可以往後翻到第156頁瞭解更多煤炭的知識。

內燃機

火力幾乎用於所有現代車輛——機車、小船、飛機、大船和直昇機，但是這是怎麼辦到的？答案就是內燃機。你是否曾看過汽車引擎蓋下的引擎，好奇它們是如何運轉的呢？裡面絕對不是只有簡單的蒸汽引擎而已，不過汽車的內燃機並不複雜，它的目的就是為了將燃料轉換成動能，讓汽車可以移動。燃料會在引擎內燃燒，這也就是為何它被稱為「內」燃機。

兩個引擎的故事

人類對火力的追求再次提供了靈感的火花，創造出蒸汽引擎後，發明家嘗試找出其他方法改進。蒸汽引擎為「外」燃機，燃料在引擎外部燃燒後所產生的蒸汽可以產生動能，而內燃機更有效率的原因在於燃料在引擎內部。內燃機的尺寸也比較小和輕，所以你在現代才看不到蒸汽驅動的汽車！

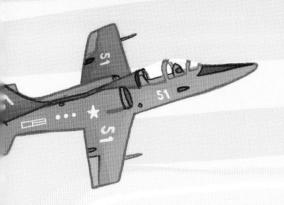

它的原理

把少量的燃料（如石油）放在小型封閉的空間內，接下來，燃料會被火花引燃，然後以膨脹的氣體形式爆炸，產生了大量能量。這股能量用來激發一個循環，每分鐘內數百次微小爆炸，產生更多更多的能量。沒錯！現在你懂得如何製作複雜的汽車引擎了！幾乎所有的車子目前皆使用稱為四行程循環的方式，以此將燃料轉換成為動能，這四個衝程（步驟）如下：

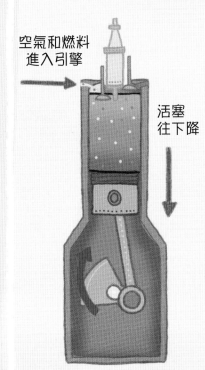

空氣和燃料
進入引擎

活塞
往下降

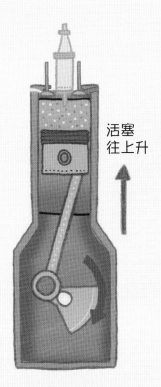

活塞
往上升

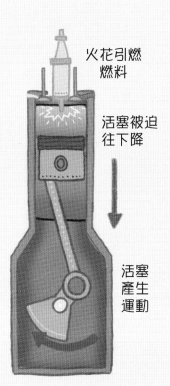

火花引燃
燃料

活塞被迫
往下降

活塞
產生
運動

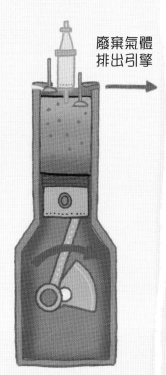

廢棄氣體
排出引擎

1. 進氣衝程：
活塞往下降，
引擎吸入空氣與燃料，
只需要一小滴的燃料
就足夠了。

2. 壓縮衝程：
活塞往上升，
壓縮燃料與空氣的混合物，
壓縮過程會使得爆炸
更有威力。

3. 動力衝程：
火花點燃燃料，
爆炸產生的能量
驅使活塞往下降，
這種運動可以使車子移動。

4. 排氣衝程：
閥門打開，
將廢棄物質排出引擎。

化石燃料

化石燃料這個用語一般代表煤炭、天然氣和原油，它們燃燒時會產生火，進而製造能量。每種燃料都有自己的故事，但也有相同之處。這些燃料都是從史前動植物的化石殘骸而來，這也是為何它們稱為非再生能源，因為它們需要耗費數百萬年才能形成。你可以閱讀接下來的幾頁，瞭解為何這些燃料對人類發展如此重要。

發電廠通常燃燒煤炭，
以產生電力。

不同類型的煤炭
具有不同的炭含量。
炭含量越多，
擁有的能量也越多。

煤炭

煤炭源於在石炭紀中的樹木或其他植物，石炭紀介於3億5千8百90萬年～2億9千8百90萬年前。

當動植物死去後，
被許多層的岩石、
土壤與水覆蓋，
接著受到擠壓沉入地下。

巨大的壓力
和極度高溫的地底，
將這些古老的植物
轉變為硬且脆弱的黑炭，
就稱為煤炭。

科學家估計在 2007 年，
世界上有 **86.4%** 的能源來自化石燃料，
這是因為它們容易取得，
只需要從地殼往下挖就有了。

原油必須經過煉油廠
才能加以使用，
接下來必須經過蒸餾和
分離出不同種的燃料。

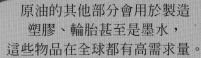

原油的其他部分會用於製造
塑膠、輪胎甚至是墨水，
這些物品在全球都有高需求量。

我們從原油提煉出
最重要的燃料就是石油，
它可以提供船隻、
車子和飛機動能。

天然氣原始的狀態
就可以直接利用了，
也許你家開暖氣或料理時
也會用到天然氣？

原油和天然氣

天然氣和原油源於數百萬年
前住在海底的微小動植物遺
骸，比恐龍在地球奔跑的年
代還久遠。

當這些生物死去
埋於地底後，
巨大的壓力產生出氣體，
這些氣體後來被困在
地殼岩石底層，
就像海綿的水一樣。

當海洋生物的遺骸
受到高溫和高壓後，
會轉變成原油，
這種液體會存於岩石底層。

煤炭是凍結的能源

煤炭是三種化石燃料的其中一種，是令人難以置信的物質，人們曾稱它為「黑鑽石」就是因為其高價值。在歷史中，從地下挖出的煤炭替人類提供了動能，但是它所蘊藏的高能量到底從何而來？

石炭紀

我們知道煤炭從植物而來的，但是我們擁有大量的化石燃料是因為3億5千900萬～2億9千900萬年前的石炭紀，那時沼澤和森林覆蓋了大部分的地球表面。在溫暖、氧氣充足的氣候下，樹木迅速茁壯，一旦植物枯萎後就會被新生植物所覆蓋，正是這些一層又一層的石炭紀植物，才創造出今日我們所使用的煤炭。

石炭紀時，兩棲類稱霸了土地，首隻爬蟲類也開始演化。

第四步：化學反應生成醣和氧，植物可用醣生長，並將氧釋放到空氣中。

第三步：植物利用來自陽光的能量，製造水與二氧化碳間的化學反應。

第二步：植物葉子從空氣中吸收二氧化碳和陽光中的能量。

第一步：植物的根吸收了地面的水。

光合作用的成分：來自地面的水、陽光中的能量和空氣中的二氧化碳。

光合作用

煤炭的形成中有個十分關鍵的因素是光合作用。4億7千萬年前，比石炭紀更久遠之前，植物學會利用光能把空氣中的二氧化碳提取出碳，好讓自己成長。正是這種植物中的碳經過燃燒後，釋出原本來自太陽光的能量。

在石炭紀時，地球空氣中的含氧量最高，因為植物會將行光合作用後的產物（即氧）釋放到空中，當時空氣中的氧含量為35%，相較之下今日則為21%。

凍結時間

當石炭紀的大量植物死去並埋於土壤深處後，慢慢轉變為煤炭，它們的能量也在時間中凍結了。因為光合作用，這些煤炭層將數百萬年前太陽的能量保存下來。當我們今日燃燒煤炭時，你所看到的火焰，其實是把太陽的能量再次釋放出來，煤炭就是凍結的陽光！

精通金屬

人類在地球上生存的歷史，通常以人們在特定時期所使用的材料來稱呼，比方銅器時代和鐵器時代。但是除了金和少量的銅之外，大部分的金屬並非在原始狀態就被人們發現，它們必須在融化後才能從一起發現的岩石中分離出來，所以人們到底如何發現這些改變歷史的金屬呢？有一種碳扮演了重要角色，那就是木炭，它是部分燒焦的木材。用木炭來**冶煉**金屬是人類發現化石燃料故事中的第一階段。

木炭

古人使用木炭來燒火，因為木炭燒得比較慢、溫度較高，又比木材的煙還少。大約3萬年前，木炭、紅黃色的赭石與二氧化錳是用來製作一些最早期壁畫和岩石藝術的材料，如這幅南非壁畫，這幅畫展示了一位古代弓箭手。大約在6千年前，木炭有了重大突破，在燒到滾燙的攝氏1,100度時，足以熔出岩石中的金屬。金屬冶煉的發明，也跟著發現與開始使用鐵，這也是人類歷史上極為重要的轉折點之一。

金屬時代

石器時代、青銅器時代和鐵器時代，
我們依照人們當時的技術與
主要材料命名這些時期。
火在這三個時代都有顯著的影響力，
尤其是在兩個金屬時期。
「金屬」一詞來自希臘語，意為「尋找」，
這暗示了金屬很稀有，
所以人們必須努力尋找才有。
金屬不但珍貴而且只用於珠寶首飾，
像是左邊這條青銅器時代的金項鍊。

青銅器時代
（始於西元前3000年）

多虧有火，人們知道了如何製作青銅，
即熔解銅與錫，再將兩者混合便可製成，
這兩種金屬的混合物又稱為合金。
青銅比銅本身的硬度高很多，
可以做成更堅固的武器。
人們終於可以用青銅製工具雕刻木頭，
也才能製作出木輪。

鐵器時代
（始於西元前1200年）

鐵器時代始於人們發現如何加熱、熔解，
分離出鐵礦石中的鐵，此過程稱為冶煉。
鐵製武器流通得更廣泛，
因為鐵比青銅容易取得和煉製，
這使得一小群的馬夫和水手
可以製作更堅固的武器，
最終挑戰了青銅器時代多數王朝的權力。

尋找煤炭

能夠從岩石中萃取金屬，帶來了工具、金錢和武器，這是現代人類發展的根基。不過，我們也成為這項成就的受害者，到了16世紀，使用木炭熔煉鐵是工業的大宗，於是木材開始不夠用。歐洲和亞洲的發展中城市，人們為了燒火，開始找尋新燃料來源。

古老的木材

3千多年前，英國被許多森林所覆蓋，所以英國人有現成的燃料來燒火。

森林砍伐

到了16世紀末，
為了燃料、建造房屋或清除林地種植農作物，
有90%的英國森林被砍伐光了。
在全球各地，類似的故事也正在上演。

煤炭來幫忙

煤炭不像木炭是用木材製成的，
而是過去形成的。
不一定在全球的每個角落都找得到煤炭，
所以這項幸運的元素在人類歷史中至關重要。
煤炭發現後，第一個受惠的國家就是英國，
因為它的地底下有許多煤炭呢！

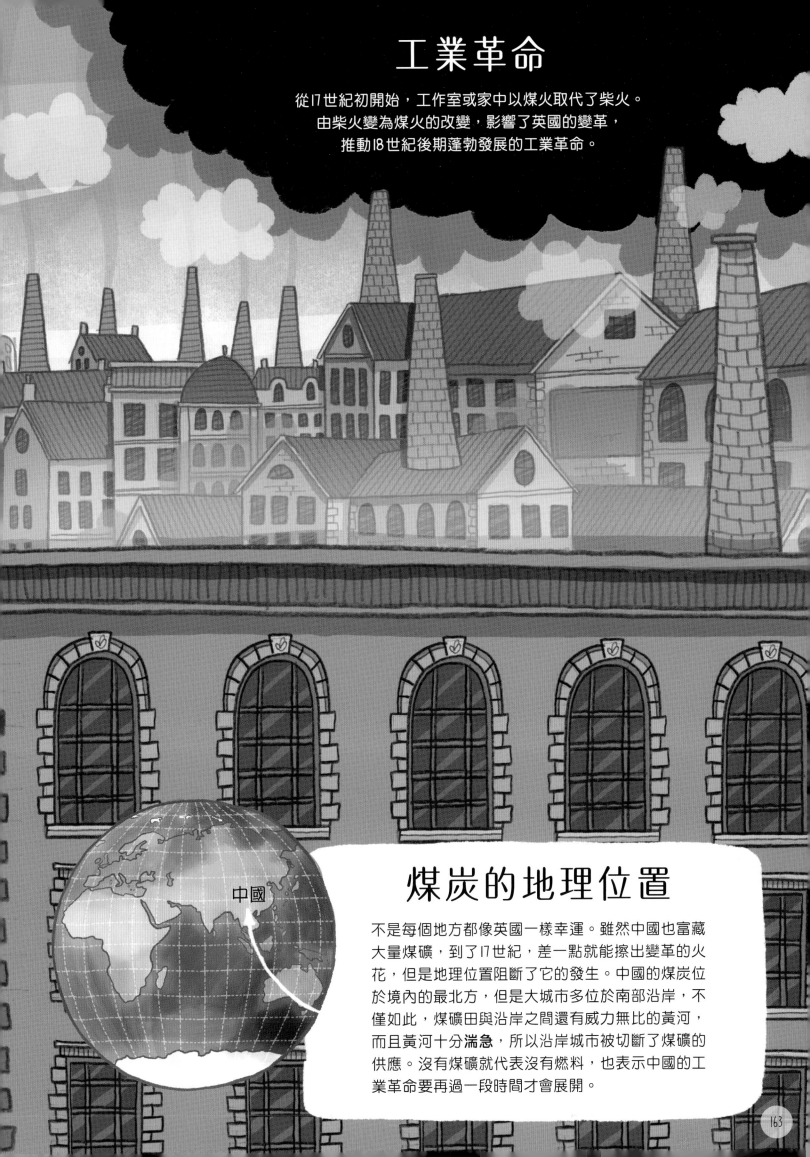

工業革命

從17世紀初開始，工作室或家中以煤火取代了柴火。
由柴火變為煤火的改變，影響了英國的變革，
推動18世紀後期蓬勃發展的工業革命。

煤炭的地理位置

不是每個地方都像英國一樣幸運。雖然中國也富藏大量煤礦，到了17世紀，差一點就能擦出變革的火花，但是地理位置阻斷了它的發生。中國的煤炭位於境內的最北方，但是大城市多位於南部沿岸，不僅如此，煤礦田與沿岸之間還有威力無比的黃河，而且黃河十分湍急，所以沿岸城市被切斷了煤礦的供應。沒有煤礦就代表沒有燃料，也表示中國的工業革命要再過一段時間才會展開。

中國

原油的起源

今日所用的大部分化石燃油，來自地底自然生成的石油，通常又稱為原油。數百萬年以來，微小動植物的遺骸形成了原油，這些棲息於海洋的動植物又稱浮游生物。如果海床沒有遭到破壞，浮游生物經過1億5千萬年後會慢慢轉變成石油。所以存於恐龍時期的浮游生物，變成了今日我們使用的原油。石油燃燒時，我們等於是看見史前時代的火！

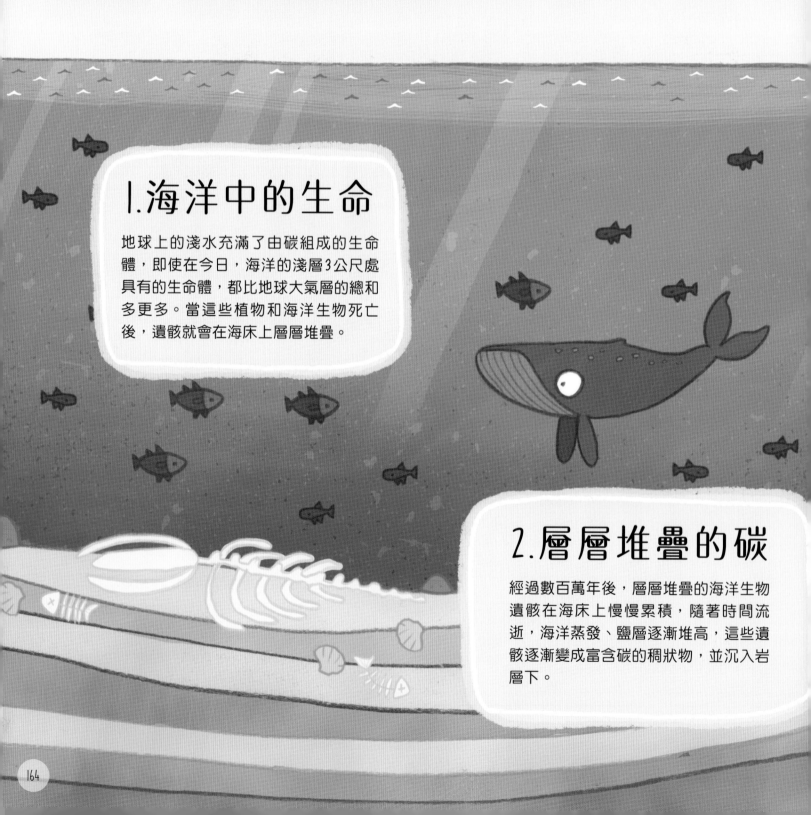

1.海洋中的生命

地球上的淺水充滿了由碳組成的生命體，即使在今日，海洋的淺層3公尺處具有的生命體，都比地球大氣層的總和多更多。當這些植物和海洋生物死亡後，遺骸就會在海床上層層堆疊。

2.層層堆疊的碳

經過數百萬年後，層層堆疊的海洋生物遺骸在海床上慢慢累積，隨著時間流逝，海洋蒸發、鹽層逐漸堆高，這些遺骸逐漸變成富含碳的稠狀物，並沉入岩層下。

大海中鹽分的角色

原油可以輕易穿過許多種的岩石，就像是水穿透海綿一樣，
所以海洋生物遺骸生成的大量原油，其實很早之前就滲透到地表，只是現在消失不見了。
不過，在地球的某些地方，因為有厚厚的鹽層或是密集的岩石困住原油，
所以在今日仍然有些原油等著被人開採。

3.高壓之下

這些層層堆疊的遺骸和鹽層，受到壓力沉入地球深處後，高溫和高壓將碳質稠狀物變成了原油，這些原油層通常埋在地球中需要探鑽開採的地方。

石油熱潮

石油的運用就是人們如何發現新燃油來源和控制火力的最佳例子，但是找尋替現代工業提供動能的石油其實是一場大冒險，因為石油不易尋獲、又存於遙遠的地方，所以我們必須用上尖端科學和科技。找尋石油就像是偵探在偵查，有群稱為地球科學家的岩石專家會尋找重要線索，他們有特別的工具幫他們「看見」岩石下的東西與找尋石油。

原油的體積單位為桶，一桶為 159 公升，因為在 1860 年代，原油真的是用木桶裝載，所以才有此單位用詞。

探鑽

鑽井是探測原油是否在地下的唯一方法，此過程繁複也無法肯定找得到石油，而且探鑽油井的開銷龐大，可能要投資 5 億英鎊。地球科學家可以在探鑽前先做調查，如此一來就可以省下大筆的經費。找到石油後，可能要等三到十年才能用到，因為這取決於油田位置是否在海底深處。

煉油

開採到石油之後，還需要轉化並加以精煉，製作成日常生活中的產品，如汽車輪胎、塑膠與化妝品。這些過程都需要煉油廠來完成，建造並營運一座煉油廠的成本要數十億英鎊。煉油廠會用高溫將原油轉化為不同部分，或是「小分子」。石油蒸發成為蒸汽後凝結，這些小分子會在不同溫度下再度成為液體。

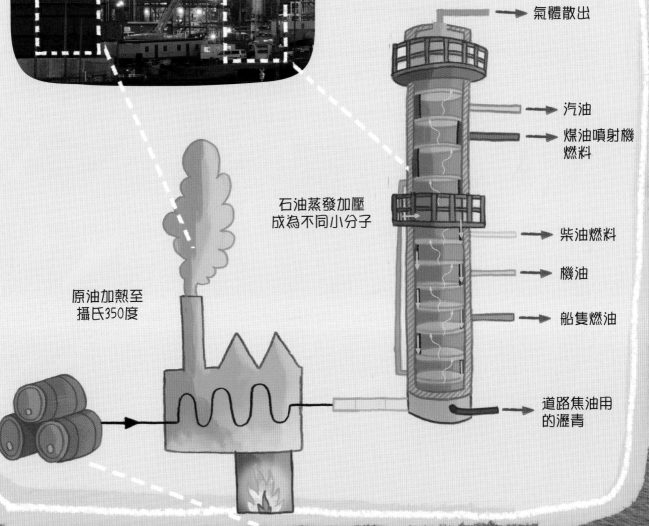

氣體散出

汽油

煤油噴射機燃料

石油蒸發加壓成為不同小分子

柴油燃料

機油

船隻燃油

原油加熱至攝氏350度

道路焦油用的瀝青

仰賴石油的世界

世界因為石油發光發熱，它是濃縮碳能量的終極能源，比煤炭更富藏能量、容易運輸而且有上百萬種用途。石油在現代社會中扮演著不可或缺的角色，不僅為車子提供動能，更能製造出塑料、包裝材料、**殺蟲劑**、穿著的衣服纖維，以及電子產品，如筆電或智慧型手機。不同的事物上隨處可見到石油產品，如除臭劑、紙尿布、足球、汽車輪胎、遊戲主機，甚至是MP3播放器！

石油製的產品

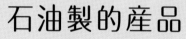

石油的時間軸

西元前3000年
美索不達米亞人用石油作為黏著建材的介質，還把石油用於藥物之中。

西元前2000年
中國人將原油用於照明和加熱。

西元300～400年
中國使用簡單製成的竹竿開挖出第一個油井。

1907年
兩間石油大公司——荷蘭皇家石油與殼牌，合併為巨型公司，迅速在全球拓展。

1907年
中東地區的伊朗發現了石油。

1920年
到了1920年，美國已經有900萬輛車，各地都有加油站販售石油。

石油中的經濟

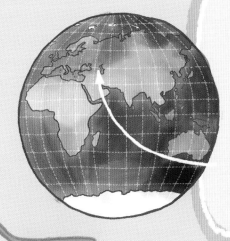

石油創造出鉅額財富。人類在數千年前就開始使用石油，但石油工業一直到150年前才達到巔峰。地球上只有少數地區比亞塞拜然更容易開採到石油，此地的藏油相當貼近地表。好幾千年以來，當地人使用石油作為健康療法，到了19世紀中期，石油的需求量驟升，**企業家蜂擁至亞塞拜然淘黑金**，殼牌石油公司就此誕生。不過，石油都有竭盡的一天，亞塞拜然的名氣逐漸黯淡，中東地區成為全球下一個關鍵產油區。

1859年

在美國賓州，愛德溫・德雷克在只離地表21公尺深的地方發現**儲油層**，開啟了現代石油產業。

1885年

卡爾・賓士打造出第一台內燃機汽車，這台汽車使用液態汽油燃料。

1890年

隨著汽車的大規模生產，對汽油的需求也變大。

1932年

阿拉伯半島上的巴林首次發現了石油。

1954年

英國石油公司（BP）創立。

1950年代
（1950～1959年）

隨著汽車和汽車運輸的日益增加，石油成為最常用的能源。

浮油

現代世界有太多的東西仰賴石油提供動能，但是石油必須運送到人們可以購買的地方（如加油站）才能使用。從油井運輸石油到煉油廠，再將石油產品送到顧客手上是一門大宗的國際業務。每天有數百萬桶石油藉由龐大的輸油管線、油輪的船隊和船隻，以及數千台特殊火車運輸到世界各地。為了避免起火、爆炸與泄漏，石油需要受到層層保護。不過，有時意外難免會發生，這時就會對環境與野生生物造成非常嚴重的後果。

漏油災難

1967年

油輪托雷卡尼翁號，在英國夕利群島及康瓦耳之間觸礁，這起事件是當時最嚴重的漏油事件，至今也仍為英國最嚴重的油汙災難，大約有3千5百萬加侖的油，汙染了195公里的康瓦耳海岸線。

1978年

另一輛油輪阿莫科卡迪茲號，因強風偏離英國的海岸，又因其方向舵損壞，需要被拖往法國處理。但是在繞過法國西北部布列塔尼海岸約5公里處時，油輪貨艙內5千6百萬加侖的原油滲出，油汙沿著160公里的法國海岸飄浮。超過2萬隻鳥類死於油汙，約有9千噸的牡蠣也因此死亡。

1991年

阿莫科卡迪茲號的姊妹船，名為「MT港灣號」（MT Haven）的油輪在靠近義大利熱那亞灣附近爆炸，斷成兩截的船體三天後沉入海底。有五名船員死於這次船難，近1千2百萬加侖的原油漏出，此次的漏油被稱為是地中海最慘重的環境災難。

1991 年

歷史上最嚴重的漏油災難其實是人為事件，在波斯灣戰爭時，節節敗退的伊拉克軍隊打開了輸油站的閥門，將原油排放至波斯灣，有5億加侖的原油形成厚達10公分的浮油，並覆蓋了1萬4千平方公里的海灣。

2010 年

「深水地平線」漏油事件源於墨西哥灣的鑽油平台發生爆炸。這場意外中有11名工人罹難，油井持續噴出原油87天。這是史上最大型的海洋漏油意外，1億7千5百萬加侖的原油，流進美國德州到佛羅里達州的海域。

聰明的碳

石油和其他化石燃料（如煤炭和天然氣）的主要成分中都有碳。其實，碳存在於世界上所有的物體內，人類吸進氧氣呼出二氧化碳，植物則吸入二氧化碳行光合作用。碳也可以和氫、氧、氮結合，形成生命體所需的複合化學物質，如**蛋白質**和DNA。因為碳有廣大的用途，所以可存於世界上所有角落，而且會不斷移動。下面的碳循環圖顯示碳如何在地球上四處移動。

光合作用需要陽光。

植物在行光合作用時，吸收了二氧化碳形式的碳。

人類與動物食用植物，進而攝入碳。

碳循環

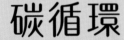

碳隨著空氣進入生物體內，接著留存在死去的有機物質中，有機物質會被分解者（分解死去動植物的有機體）吞噬或是變成化石燃料，接著碳又會以二氧化碳的形式釋放回空氣中。碳循環有許多來源（比如增加空中碳排量的事物）與許多碳匯（能將碳從空中移除的事物）。空中有過多的二氧化碳會使環境失衡，導致全球暖化。

爲數不多的碳匯

在碳循環中，可以形成碳匯的重要方法就是樹木！樹木可以吸收空氣中的二氧化碳來行光合作用。但是森林砍伐（見第162頁）削減了此類碳匯來源，也代表世界上只剩下爲數不多的樹木，可以吸收空氣中的二氧化碳。

碳足跡

當化石燃料燃燒後，會將二氧化碳釋放到空氣中。使用化石燃料時所釋出的二氧化碳排放量就稱為「碳足跡」，你可能在搭機旅行或開車相關的話題上聽過這個用語，人所乘坐的運輸燃料會累加成碳足跡。為了減少釋放到大氣層的二氧化碳含量與加劇全球暖化，試著降低自己的碳足跡吧，如果是短程移動，何不用走路替代搭車？你可以食用當地種植的食物，這樣就不需要長途輸送了。最後，若不使用電視或電腦時，請關掉電源，以降低從化石燃料發電廠供應的電力。

二氧化碳
存於空氣中。

燃燒化石燃料
會釋出二氧化碳
到空氣中。

人類與動物
呼出二氧化碳。

人類、動植物死去，
有些被分解者吞噬，
分解者在呼氣時
會釋放出碳。

一些死去的有機體
成為了化石燃料。

海洋中的動物將碳留在外殼中，
經過數百萬年後，外殼變成石灰岩，
岩石風化後將二氧化碳釋回空氣中。

二氧化碳

二氧化碳是兩個氧原子與一個碳原子結合，你可能看過它的化學式 CO_2，它在碳循環中擔任重要的角色，這就是碳如何進入空氣和海洋的方式——以氣體的形式。

四處飄散的碳

碳成功的祕訣在於它是大自然最佳的模型技工，不但可以組成只有自己的碳鏈，還能跟以碳為主的物質，如蛋白質等連接在一起。碳也可以和其他粒子組成不同的形式，使其可以製作出不同的材料，比如木頭、纖維、鑽石或是貝殼！

全球暖化

化石燃料可謂現代人類史上的引擎，它們激發出機器和工業革命的火花，鞭策我們創造出蒸汽引擎和內燃機。如果沒有這些發明，現代社會將截然不同，但是燃燒化石燃料會造成**汙染**和傷害大自然，其中最大的問題就是全球暖化，地球持續加溫中，其速度比地球任何時期都還快，這是由於燃燒化石燃料後，產生過多的二氧化碳到大氣層的緣故。

如果我們冷眼旁觀會如何？

自19世紀以來，人類就知道隨著二氧化碳（CO_2）含量增加，地球上的溫度也會升高，而燃燒化石燃料正是意味 CO_2 含量上升。隨著溫度上升，冰冠開始溶解，導致海平面升高，造成洪災和動物流離失所。

越是依賴化石燃料，就會製造出更多的汙染。漏油事件的發生就是因為人把原油運輸到全球各地。霧霾，一種煤煙和毒氣排放物，是燃燒煤炭所產生的結果，還有酸雨是因受汙染的空氣和水結合後降下的。

全球暖化使得極端氣候事件頻繁發生，暴雨降下的次數會變多而導致洪災，降雨之間的乾燥期也會延長，再加上高溫的話就會變成旱災。

首次的化石燃料禁令

英格蘭國王愛德華一世是走在時代尖端的人，早在1306年，他就試圖禁止使用煤炭！當時木材已經變得稀少，所以許多金屬工人和工匠轉而使用煤炭來燒火。在英格蘭的部分地區，空氣因為濃密的煤炭煙霧受到汙染而變黑，這位國王擔心空氣會毒害人民，下令禁止使用煤炭。

我們要如何停止全球暖化？

減少、回收和再利用！回收紙使用的能源比從原物料造紙要少65%，這表示需要的燃料變少了，所以可以將生產速度減緩到較低的程度。

為了降低燃燒化石燃料產生的負面影響，我們需要平衡碳來源和碳匯，比方說種植更多樹木。這個議題相關的研究也非常重要，因為在平衡釋出的二氧化碳，以及碳匯可捕捉的二氧化碳含量的問題上，我們尚未找出解答。

碳燃燒是個嚴重的全球問題，因為它會改變氣候。可再生能源是未來的能源，我們需要改用從大自然元素獲得的能源：如地熱（從地球）、風力（從空氣）、太陽能（從太陽）以及潮汐（從水）。

太陽能

太陽是地球所有生命之源，以光線和熱能的形式提供了能量，還擁有足夠的燃料，可使太陽系繼續運轉50億年，因為陽光不但是潔淨的能源，而且近乎取之不竭。在遙遠的未來中，陽光肯定仍是免費且可再生的能源，這聽起來只會出現在科幻電影裡，但是太陽能已經與我們同在了！像是太陽能攜帶型計算機，甚至是美國太空總署的太陽能飛機。

太陽能電池

太陽能是來自太陽的能量。植物十分聰明，知道如何將陽光轉變為可儲藏的食物能量，不過，人類還辦不到這點！我們也無法直接使用太陽能，替筆記型電腦或遊戲主機充電，不過人類知道如何將陽光轉化為其他形式的能量（如電力）。
太陽能電池或太陽能板是可以獲取陽光，將其轉為電力的裝置，你可能在其他人的屋頂上看過這藍黑色的面板。

足以提供整個地球的能量

想像一下，當你飛越地球時，從高空上俯瞰地球，或早或晚，全球的地表都會沉浸在陽光之下。科學家表示，平均而言，每平方公尺的地表每秒會吸收164焦耳（能量的單位）的太陽能，這種程度的陽光足以提供電視的電力！所以試想一下：如果能獲取太陽照射撒哈拉沙漠表面的1%能量，就能提供整個世界足夠的電力。

太陽能的遠景

世界各地的人們瞭解到太陽能的潛力，紛紛設立為數眾多的大型太陽能發電站，使用太陽能電池或太陽能板獲取太陽能。2050年後，太陽能就可產生多達全球電力的27%，也可能成為日後地球上電力的主要來源。

太陽能攜帶式計算機不需要電池，
有些甚至沒有「關閉」的按鈕，
因為是透過太陽能啟動，
位於計算機上方的黑色小面板
就是製造電力的太陽能電池。

火的象徵

為什麼火對人類的象徵意義如此重大呢？想想看，早期祖先踏上旅途時，一抵達新大陸就會先找尋快熄滅的火焰，並試圖使餘火繼續燃燒，保護火焰不受雨水或驟雨侵擾。不論人們去到哪裡都會帶著火把，以便能去到更深遠、寒冷的土地上。你可以想見為什麼火焰有如此重要的象徵，人類每天用火的習慣已長達數千年了，它象徵著人類的進步和文明。

火的旅程

在我們發現新世界時，火照亮了旅程。火焰代表著探索和啟蒙，也替現代社會的人們提供旅行的動力。沒有火，我們就不會發明出複雜的引擎，除此之外，我們也會將火用於單純的運輸方式，比方說加熱空氣使得熱氣球上升。

火代表著希望

永恆的火焰是持續不斷燃燒的火，燃燒永恆的火焰是許多文化和宗教流傳已久的傳統。火焰象徵人們想要銘記在心的事件，舉例來說，位於莫斯科市中心的歷史建築群中，克里姆林宮就保存著一座永恆之火，紀念2,700萬名死於二次大戰的蘇維埃人民。

火象徵著智慧

古希臘的德菲爾神廟中,有個以「神諭」聞名的人。古代社會的重要決策都會徵詢神諭,神諭旁有著「生生不息的火」,人們認為只要火焰持續燃燒,神諭的智慧就會留存下來。

火代表著痛苦和死亡

火的力量也與痛苦、死亡聯想在一起,成為了地獄的象徵。天堂和地獄是好人與壞人死亡後去的地方,其意象來自存於約西元前427年～347年的古希臘哲學家──柏拉圖。

火焰等於成就

奧林匹克聖火為奧林匹克運動會的象徵,奧運為世界上最主要的體育賽事,每四年舉辦一次。如今奧運聖火代表著體育成就,但原本是代表普羅米修斯為了幫助人類,從希臘天神宙斯那裡盜火。奧林匹克聖火會在比賽期間持續燃燒,而且奧運最初起源的希臘也有一座永恆燃燒的聖火。

營火

在早期人類社會中，營火是社群的中心，火為營地附近的人保暖與照明，還用來烹飪食物。營火也像**烽火臺**，象徵人類希望召集旅人加入，一起保護大家，對抗掠食者和昆蟲。

說故事

科學家研究現今的薩恩人後，認為營火在發展人類文化中占了重要的角色。白天時，營火旁的談話皆與工作相關，但是到了晚上，大家聚集在營火旁唱歌跳舞並分享故事。在營火旁說故事的習慣可遠溯到 40 萬年前，人類祖先會分享在白天發生的體驗，試著了解身處的世界和所在的位置。

古老營火

在非洲洞窟發現的燒焦羚羊角，即為早期人類至少在160萬年前就堆起營火的證據。
一些科學家認為在喀拉哈里沙漠邊界有古代生火的跡象，此為已知最早控制火的證據。
這些化石顯示出火將材料加熱到高於攝氏700度，
以此可推測出火以青草樹葉點燃，但是科學家無法確定早期人類是否知道如何搭營火，
也許是閃電引燃了火焰，人們再把火帶至洞窟口。

南非

花豹的故事

在一個古老的營火故事中提到了花豹、土狼和胡狼，牠們每次都一起打獵，直到有一天，花豹身體不舒服，不夠強壯而無法外出打獵，所以花豹問土狼和胡狼能不能替牠帶點食物回來，但是牠的兩個朋友都找藉口說牠們不能幫花豹打獵。「沒關係，」花豹說：「如果你們現在不幫我打獵，以後我就永遠不會向你們分享我的食物。」自從那天起，花豹們就會把食物藏在樹上，不讓牠們自私的朋友搆到食物。

夜晚的烽火臺

燈光阻斷了夜晚的黑暗，這也是為什麼人們好幾個世紀以來都用火作為烽火臺的照明。烽火臺就是將火點在顯著的地方，像是山頂或大型山丘上，作為傳遞信號或是訊息的方式。在陸地上，烽火臺用來警告人們敵軍逼近，在海上的用途則像燈塔，用來警告水手水中的威脅。

拜占庭帝國（西元330～1453年）使用烽火臺系統，
從鄉野數哩外把訊息傳回首都君士坦丁堡（今日的伊斯坦堡）。
這套系統由數學家利奧所設計，他以9世紀最聰明的拜占庭人聞名。

古羅馬人為了傳遞訊息而燃起烽火臺，
羅馬著名的圖拉真柱上刻著如何傳遞的說明。

亞歷山卓燈塔位於埃及，列屬古代世界的七大奇蹟之一，
建於西元前80年左右，燈塔頂端點燃一柱火，
指引船隻晚上在海岸周圍安全地航行。

斯堪地那維亞半島的維京人
在山丘碉堡上，
設立縱橫交錯的烽火臺，
用來警示附近是否有盜賊的跡象。

在威爾斯，
布雷肯比肯斯（Brecon Beacons）山脈的名稱
源自烽火臺（Beacon），
以此向山丘上的人們警示英國人是否要侵襲城鎮。

中國長城也是烽火臺網絡的一種，
沿著長城點燃的烽火以煙霧或火光傳遞訊息。

海盜通常會製造假的信號塔使其看起來像是燈塔，
他們會在其他地方點燃火光，誘導船隻偏離安全的航道撞上岩石，
一旦船沉了或是偏離航道，海盜就會從沉船上偷取貨物販賣賺錢。

崇拜火焰

在四種元素中，火是人類唯一能自製的元素，所以這就是為何火被視為是人類和天神、或是地球與天空間的橋梁。許多族群的人崇拜火焰，對火存在於他們的生命中表達感激之情。在一些宗教儀式中，火被視為是永恆的火焰，對其他人而言，火代表摧毀惡靈、重生和淨化。

什麼是歌詠山巒

納瓦荷人已經住在美國西南部數千年了，科學家聲稱納瓦荷人的祖先在最後一次冰河期時，跨越了連結亞洲和阿拉斯加的陸橋。不過納瓦荷人不採信此說法，根據歷史，他們認為自己是南方部落的後代。

納瓦荷人的儀式代表了大地和天空，每年，冬季快要結束時，他們會團聚紀念雷雨季的結束，以及迎接新春。詠唱是一種治癒性儀式，不僅適用生病的人，也適於所有人，他們也認為此儀式可以恢復自然界的平衡。

納瓦荷國

納瓦荷人是美國西南部的原住民，主要分布在亞利桑那州、猶他州和新墨西哥州。每年在亞利桑那州，為了要慶祝冬季結束，納瓦荷人會表演稱為「歌詠山巒」的儀式，為期9天，在最後一日則會舉辦名為火舞的儀式。

歌詠是基於笛思尹・納亞尼（Dsilyi Neyani）的傳說，他是流浪在外的納瓦荷家庭的長子，因為被另一個部落綁架，花了許多年才再度找回家人，他在旅程中歷經許多挑戰。歌詠山巒唱出了這些挑戰。儀式最後一日的晚間，他們會點燃大型篝火，當灰燼即將熄滅的拂曉時分，才開始跳起火舞，舞者會重燃火焰、添加柴火、接著繼續跳舞，舞者的身上塗著保護他們不受火焰燙傷的白黏土。

對納瓦荷和其他美國原住民部落而言，火象徵著毀滅。火舞舞者將自己暴露於高溫之下，顯示他們無懼火焰、能夠戰勝火焰，從而打敗邪惡，是納瓦荷人實踐數千年的一種淨化儀式。

煉金術

火是一項不可思議的工具，因為它不僅可以將物質改變，還能燃燒煤炭內含的能量，熔煉石頭中的金屬。火可以輕易地摧毀整座森林！這也是祖先覺得火很強大的原因，他們相信火是四個元素中最重要的。回到兩千年以前，一些想探究哪些物質的組成為何的人發展出煉金術，他們試著學習如何轉變物質和瞭解火的力量，煉金術後來發展成名為「化學」的研究。

煉金術的事實

歐洲煉金術的曙光可追溯到西元前3500年，當時人們嘗試加熱與結合金屬製成新物質。還有關於印度和中國的煉金術士嘗試找出火、金與長生不老之間的聯繫。

是化學或是魔術？

古代煉金術士的工作是用黃金等珍貴金屬，來做出珠寶和首飾品，後來他們嘗試將基本金屬（如鉛），轉變為更珍貴的金屬（如黃金）。煉金術士瞭解如何使用火來轉變金屬，或是如何產生顏色。在嘗試讓銅看起來像金子的試驗中，發明出了黃銅。又在試圖作出藍綠色時，製成了藍釉，此為玻璃的前身。隨著時間過去，煉金術成為大家認為的妖術，因為人們無法理解背後的科學，以為這種轉變是魔術或巫術的結果。

煉金術的目的

煉金藝術曾遍及歐洲、埃及與亞洲各地。因為金屬的變化看似十分神奇，煉金術士也認為可製出吃下後能夠長生不死的藥品或仙丹妙藥。在歐洲，煉金術士嘗試製作出哲學家之石，或又稱賢者之石，他們認為這種石頭能將普通的物質轉變為金子，並帶給擁有者不朽的生命。

煉金術（Alchemy）一詞來自阿拉伯語的「al-kīmiyā'」意為「哲學家之石」。

傳說中國的煉金術士在尋找長生不老的藥水時，發現了黑色可燃的火藥。

煉金術士的成果通常以密碼、字符或符號寫成，這也說明爲何現代化學迄今爲止仍使用符號。

（水）

WATER

在地球的四種元素中（土壤、空氣、火與水），力量最強大的非水莫屬。水就像是地球血管中的血液，沒有了水就不會有生命。水由氫與氧組成。這些元素分開時具有爆炸性，但是當它們結合在一起就成為無害的水了。不過也別小看水的力量，它造就了地景、創造出我們的氣候系統，而且也是現代人類文明發展的原因。水流過地表並深入地底，也出現於高空之中。水能以三種型態存在：固體、液體或氣體。

水的起源

地球上的水都是從哪裡來的呢？科學家經過數十年的研究後終於有了答案，他們認為在地球深處有座廣大的**儲水池**，而且裡面的水足以填滿地球海洋三次！地表數百哩之下的岩石包圍了這座儲水池的絕大部分，但是數百萬年前的地震和火山迫使水流出地表，這也是水出現在地表的原因。

地球深處

地球深處的儲水池無法自由流動，它被鎖在地表660公里之下，存於一種稱為尖晶橄欖石的礦物中，這種石頭的性質和海綿相似。水由兩個氫原子（H）和一個氧原子（O）組成，所以又稱 H_2O。尖晶橄欖石會吸引氫原子靠近，所以能將水分子鎖在內部。

鑽石中發現了尖晶橄欖石，代表在地底深處找到的寶石可能含有水分！

尖晶橄欖石會出現在少數有大型岩石或晶石的地方。

尖晶橄欖石的重量

科學家在來自巴西的鑽石中，發現了第一個尖晶橄欖石礦物樣本。研究指出，在這種閃亮寶石的重量中，水占了1.5%，雖然這數字聽起來很小，但是把地底下數百萬顆含有尖晶橄欖石（即含有水分）的石頭和寶石都加起來，就可以證明地表底下含有豐富的水！

彗星

我們曾經認為在地球剛形成時，水是由彗星所帶來的。但是地心水源的新發現，表示地球內本來就有水。彗星帶水說不可能成真的另一個理由，是因為現知的水有兩種：普通海水和重水（重水的氫氧原子中有更多物質）。地球的水大多為普通海水，但是彗星中找到的水是重水，所以不可能成為地球的海洋。

火山和地震等地質活動，會將含有尖晶橄欖石的岩漿與寶石擠出地表。

隱沒帶

地球的上地函由到處移動的板塊組成。

過渡帶

知道水存於地底下的尖晶橄欖石內，意味著地球的上地函下面（稱為過渡帶的地方）可能富含水源。有一群研究美國境內地下區域的科學家，認為自己找到了可解釋地球上寬闊海洋成形的證據。

地球的下地函由堅固的岩石組成，這裡的溫度通常會使得岩石熔化，但是上方的高壓會往下擠壓，因此形成厚重又黏稠的岩漿。

河流與海洋

地球上蘊含著豐富水源，水覆蓋了71%的地表，它在河流、海洋、湖泊、沼澤與冰冠內流動，也存於大氣層和地層之中，絕大部分的水（96.5%）存於含有鹽分的海洋中。大海對地球上孕育生命有著不可或缺的重要性，因為它可以產生氧氣讓人類得以呼吸，還影響了氣候系統。雖然大海有著許多不同的名稱，不過，這些海洋其實都連在一起，水在其中自由地流動，而所有河流的水最終也會流入大海。

含有鹽分的海洋

幾乎所有人都以某種方式依賴海洋維生，即使可能不曾見過大海也一樣。因為人類會食用從大海捕撈的漁獲、躺在海灘上、在海中游泳、用船傳輸貨物橫跨大洋，以及在海床開發石油。地球上確定的有四大洋，分別為北極海、大西洋、印度洋與太平洋。許多科學家也同意地球其實有第五大洋，那就是由南極洲周圍的大西洋、印度洋和太平洋融合而成的冰海。然而，第五大洋的名稱和邊界尚未達成全球共識，所以它有好幾個名字：南冰洋、南極海或是南大洋。

北極海

大西洋

太平洋

印度洋

南極海

中國長江是世界上最強大的水力發電廠所在地，長江效能發揮到最大時，足以供應幾近10%的中國家庭用電。

非洲尼羅河被認定為全球最長的河流，但是有些專家表示，如果將亞馬遜河的帕拉**河口灣**以及與其連接的運河計算在內，其實它才是最長的河流。

依據河水流量計算，亞馬遜河是世界上最大的河流，全球大約有五分之一的淡水會從亞馬遜河流進海洋。

淡水

如果海洋占地表水源的96.5%，那麼剩下的3.5%就是淡水，這種水可見於河流與湖泊，還有鎖在**冰河**與極圈冰冠的冰水。河流源自湖泊、泉水、溼地和冰河，淡水流入溪流或主要大河分支的支流，主流接著往海岸方向流動，然後傾注到海洋。

海洋生成的氧氣，是由稱為浮游生物的微小有機體產生，它們產生的氧氣有人類呼吸空氣的一半這麼多！

在2007年，斯洛維尼亞馬拉松游泳好手馬丁·斯特雷（Martin Strel）成為首位泳渡亞馬遜河全長的人，他花了67天、每天游10小時，並有20名團隊成員保護，使其不受河流下虎視眈眈的生物襲擊！

當提到河流時，「上游」表示河流的來源，「下游」表示水流往的方向，也就是河流的末端。

小河也可能被稱為小溪、河川以及溪流。

水循環

想想看你今天喝過的水，你覺得它的年代有多久遠？比你的年齡更大？雖然水可能來自一週前天空所下的雨滴，但是你杯子中的水基本上跟地球年紀相同！今日地球上的水和**中古世紀**國王與皇后從水井取用的水、埃及人所用的水，甚至是與數百萬年前恐龍喝的水皆相同，這是因為所有的水會在水循環中不斷回收再利用。

水的旅途

一種稱為水循環的過程，已經讓水在地球內循環移動40億年了。沒有變成冰的水會持續循環，從陸地到天空再回到陸地，因為水有輕易地從液體變成氣體並重複此過程的能力，所以才能形成水循環。

冷凝

來自海洋、湖泊與河流的蒸發

植物的蒸散

蒸發

液態水轉變成氣體時會產生蒸發，太陽的能量加熱河流、湖泊與海洋中的水分，並將液態水變為蒸氣（氣體）。植物和樹木也會藉由樹葉將水分釋出到大氣層，這種過程稱為蒸散作用，在蒸發與蒸散作用時，溫暖的水氣會飄上天空。

冷凝

在高空中，水蒸氣冷卻變回液態小水滴，稱為冷凝。小水滴凝結成雲朵，所以雲就是飄浮的水滴！大氣層同時間只能儲存世界上約千分之一的淡水，但是它可以讓水氣迅速移動，就像天空上的河流呢！強風吹動帶著許多水的低層雲形成了這種「大氣層中的河流」。

降水

當足夠的水氣凝聚成小水滴後，小水滴會逐漸變大變重，此時雲難以支撐這些水滴，我們都知道接下來會發生什麼事——天堂之門開啟，水以雨滴、雪、霰與冰雹的形式落回地球，就是所謂的降水。地表吸收落到土地上的降水，然後形成地面水讓動植物飲用，或是使其流過土壤，再流回如湖泊等更大的水體，接著水循環又再度開始了。

降水

水循環有三大階段：蒸發、冷凝和降水。

水流過地表進入更廣大的水體

195

生命起源

我們已經學到了水涵蓋地球71%的部分，而且每一種生物都需要水才能存活，可想而知，科學家認為所有生命也起源於水，他們認為第一個微生物體可能在約為38億年前的海洋形成。這些微小有機體慢慢演化，最終於4億5千萬年前移動到陸地上。

1. 冷水往下滲入海床的岩石層

地殼

2. 當冷水遇上地殼的熱石，就會使得岩石的裂縫加深

為什麼是水？

「基質」一詞表示某些東西可以發展繁盛的環境。水就是生命絕佳的基質，不但穩定也是中性物質，而且可以在大部分的溫度範圍下保持液態。水也能連結其他化學物質，當特定化學物質放入水中會互相作用。水可以觸發細微的化學反應，才使得生命的起源得以出現！

黑煙囪

有火山活動的海床裂縫稱為熱泉，或是「黑煙囪」，它們看起來像是煙囪，噴出充滿有毒物質的黑雲與滾燙熱水。黑煙囪看起來並不像是有生命體出現的地方，因為那裡沒有陽光讓植物把能量轉換成碳，以作為植物的食物。然而，黑煙囪上有許多微小細菌，它們可從水中的化學物質獲得能量。海蟲、貽貝、蛤蠣以這些細菌為食，然後大魚又捕食牠們來獲取能量！科學家認為這可以解釋第一個活著的有機體是如何存在於地球上。

4.富含養分的水受壓後被黑煙囪噴回大海

3.水沉浸在裂開的岩石中，帶走下方石頭的養分，而石頭則由上地函的岩漿所加熱

上地函

深深的海底

所有深海活動皆發生於海平面下2,000～3,000公尺處。熱泉周圍的水可能只有攝氏2度，但是從熱泉口噴發的熱水可達攝氏60～400度！

水與生命

你、我和其他地球上70億的人類都需要水才能存活，人需要的淡水（即不含鹽分的淡水），占世界上的3.5%。人類不吃東西可以活三週，但是不喝水只能存活三天。不過，想到人體有60%由水組成，嬰兒的身體則有高達78%的水，就知道一點也不奇怪了！水不只對人類而言不可或缺，也是地球上所有生物存活的關鍵。

樹可以長出
120公尺
的深根找尋水源

帶我去找水

植物為了尋找水源可以生長出很長的根，紀錄上長得最深的樹根下達地表120公尺，那是一棵野生無花果樹，為了找尋水源，根深入了南非的回音谷（Echo Caves）。有人認為植物甚至可以「聽到」水。植物的根會朝流水聲的方向生長，促使科學家設計出可以尋找水源和生命的太空機器人！

水啊、
水啊、
無所不在

一棵成熟的橡樹
一天需要多達
230公升的水
（足以填滿3個浴缸）。

駱駝可以在
13分鐘內
喝下1.5個浴缸
的水量！

所有細胞都需要水分

所有動物都需要水，從家畜、野生動物到寵物都是。
但是牠們在尋找和利用水上也面臨不同的挑戰，就像
人類一樣，動物發展出巧妙的方式儲存水分。駱駝只
要食用足夠的綠色植被和舔掉植物的露水，就可以10
個月不喝一滴水。口渴的駱駝最多可以在13分鐘內喝
下135升的水！這種飲水的方法可能會害死多數的其
他動物，但是駱駝的胃裡有儲水袋（不是存在駝峰
裡，駝峰只儲存脂肪！）。

人體有60%
由水組成

嬰兒有78%
由水組成

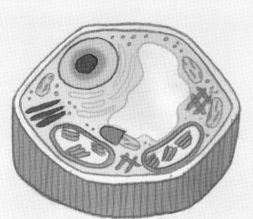

植物細胞的內部
主要由水組成

香蕉樹有90%由水組成

由水組成

地球上所有美妙的生命體都依賴水，沒有水就無法存活。
多數的植物有80～90%的成分為水，種子發芽和植物生
長的必要條件就是水，植物依靠水從土壤中吸收養分，並
且在細胞間轉移養分；水也對植物細胞產生壓力，使它們
能挺直生長！

冰河時期

時至今日，仍有30％的淡水以冰的形式存在，絕大部分淡水就在範圍遼闊的冰原和極圈帶。然而，1萬2千年前，北半球大部分被一片廣大的冰原覆蓋，長達數千年之久。歷史上像是這類情況的時期就稱為冰河期。
當溫度驟降，使得地球上更多淡水冰封起來，世界也隨之改變，早期祖先必須學會如何適應寒冷才能生存。

冰原就像是水庫

在冰河時期，全球的冰原大幅度擴展延伸。當水變成冰就失去了液體的型態，而且也不易蒸發。我們在第194～195頁學到的水循環也會受到影響，降雨變少使得可以給動植物飲用的地面水也會變少。

適應冰原

在上一個冰河期，厚厚的冰原覆蓋了歐洲、北美洲和亞洲大部分地區。稀少的活水使得這些區域成為人不易居住的地方，甚至在冰原覆蓋的區域之外，許多地方也因海洋退縮導致陸地更加乾燥。淡水如此缺乏，生存變成了真正的挑戰。後來隨著冰川融化，其他區域變得更溼潤，這引發了我們的祖先開始遷徙，在世界各地尋找更好的生活區域。你可以在第56～65頁，閱讀有關人類遷移的資訊。

在冰河時期時，人類祖先外出尋找水源，這些人就是首批在地球各處遷徙的人類其一。

撒哈拉沙漠

撒哈拉沙漠為地球上最乾燥的地方之一，但是在數千年前，位於北非的這塊區域擁有許多縱橫交錯的河谷。撒哈拉的史前壁畫藝術顯示出長頸鹿和一大群其他動物正在飲水。後來可能是因為冰河期的關係，河流枯竭、降雨變少、河流退縮，湖泊也乾涸了。住在此區的撒哈拉人別無選擇只能離開，他們轉身離開了撒哈拉家鄉並在其他新土地上找到水源。

水與農業

上個冰河期結束於1萬2千年前，更多淡水從融化的冰原釋出，人類開始定居而非四處移動。當人類獲取更多的淡水，也促使了人類文明，人們不再四處打獵，轉而在定居的土地上從事農作，利用周圍的水源種植作物如小麥和大麥，也開始餵養和供給飲水給特定種類的動物，村鎮因此如雨後春筍般出現。

首位農夫

農業始於肥沃月灣區域，即現今的中東地區。這個區域受到了老天的庇護，不但水源取得容易，也有自然生長的食用作物。

取水

農業革命代表著，人類不用再像獵人與採集者時期那樣追隨著季雨。不過，還是需要取水**灌溉**作物與照料家畜。

中獎動物

地球上有近2百萬種動物,但是只有14種哺乳類動物畜養成功,這些動物分別是山羊、綿羊、豬、牛、馬、驢、雙峰駱駝、單峰駱駝、水牛、駱馬、馴鹿、犛牛、大額牛、爪哇牛。在這14種動物家畜之中,牛、豬、綿羊和山羊都是肥沃月灣當地的動物!這裡是全球優良農作物之鄉,也最適合畜牧動物,難怪這裡是人類最先定居的城鄉,以及人類文明起源之地。

拓展文明

地球上位於相同緯度(見第220頁的詳細說明)的兩個點,通常會擁有相同的氣候和植被,美國舊金山和義大利西西里就是絕佳的例子。人類在肥沃月灣發展文明後,只需要時間等待文明的壯大。有著相同緯度的地方,農業也迅速崛起,人們往東移動到印度、往西移動到北非和歐洲,在水源旁打造起村莊。

河流文化

隨著時間過去，農業成為建立生活的一種方式，人們瞭解到河流的重要性，開始沿著河流打造聚落，並在河流沿岸的溼地播種。隨著村莊的擴增，農夫就需要水流過更廣的土地，以利種植更多作物並提供食物給更多人。他們還挖溝渠使水可以從氾濫的河水流到新方向。

城市生活

沿著河流建造的聚落多為繁盛的地方，住在此地的人們往往擅於務農，能種植出比生存所需更多的作物。在小聚落內，大部分的人需要努力種植食物，但是在大聚落可以產出許多食物，所以不是每個人都需要花時間務農。在早期的大型村莊，人們發展出工匠或商人等職業。這也是鄉鎮與最終的城市生活開始發展出組織的原因，人們開始從事各種不同的行業。

印度河流域文明

印度河流域文明是最早的人類文明之一，時間約為5,000年前。這個古代社會位於現今的巴基斯坦和印度西北方之間，在鼎盛時期，其人口可能曾超過500萬人，這也代表著他們有良好的城市規劃。摩亨約達羅和哈拉帕兩個古代城市遺址，顯示有許多進步管線和水耕文化！房子還設有水井、浴室、供水系統、飲用水井及精密的排水系統。摩亨約達羅城中最令人驚嘆的建築，是一座和游泳池一樣大的浴池！

稻田

務農的祖先學會如何好好利用與控制氾濫的河流。當降雨來臨,農夫不會阻止河流淹沒自己的田地,因為水會帶來富有養分的泥土或**淤泥**,將這些物質留在農田的底部,水稻就能生長良好,據信這種水耕法源自中國。

幾乎所有早期聚落和城鎮,都是沿著河流或大海才繁盛起來。現今也是一樣的道理,如倫敦、墨爾本和紐約都是沿著河流才崛起。

尼羅河

地表上河流流經的地方不多。而這些河流因為可以提供穩定的淡水，吸引了早期農夫定居。在許多例子中，可見到河流有助於塑造出河岸文明，河流創造出歷史的能力的最佳例子，可見沿著尼羅河發展出的文明──古埃及文明。

尼羅河丈量儀

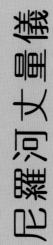

古埃及並非只有金字塔和法老王，若要提到什麼使埃及文明興盛，那就是稱為尼羅河丈量儀的測水位裝置！丈量儀可測量河河水位改變的程度。每年當尼羅河泛濫時，最高水位可讓埃及人預測農作是否會豐收。穀物越多就代表農夫賺的錢也越多。

淤泥就像一碗含有礦物質的湯，由微小岩石碎片組成。在尼羅河流向大海的長途旅程中，會帶著這些淤泥一起旅行。

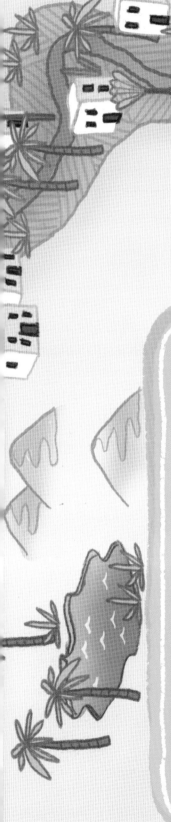

大家共享的尼羅河

尼羅河被視為是全球最長的河流，流經11個國家：坦尚尼亞、蒲隆地、盧安達、肯亞、烏干達、民主共和國、南蘇丹、衣索比亞、厄利垂亞、蘇丹和埃及。

尼羅河肥沃的祕密

尼羅河丈量儀之所以能有效地預測農作量，是因為河水中帶著一項祕密成分——淤泥。所有河流都會帶起淤泥，但是尼羅河中的含量特別高，因為這條長長的河流源始於非洲東北部，那裡有分解後的火山岩，形成了富含養分的淤泥。每年和尼羅河一起流動的淤泥有近1億5千萬噸，而每年定期的氾濫代表著有更多作物可以受惠於肥沃的淤泥。流動的淤泥越多，也會長出更多食物！

社會流動

現在我們知道：古埃及的強盛和財富來自於尼羅河富含的淤泥，每年河水氾濫讓淤泥留在了土地上，有助於生產富足的食物。尼羅河也影響了埃及的社會結構，古埃及灌溉作物需要大範圍的規劃，許多人各司其職，管理者決定需要在哪裡開挖運河、工人負責挖土、農夫帶著種子在沃土上播種，其他的人則是負責採收和販售作物。

巴比倫空中花園

巴比倫空中花園為最偉大的人造建築之一，亦屬於古代世界七大奇蹟之一，更是唯一用到水的「奇蹟」。根據推測，西元前600年左右，美索不達米亞文明（現今的伊拉克）建造了此座花園。繁盛的花園建在泥磚層層堆疊的梯形平台上，據說這座花園的風景令人驚嘆，可惜今日已不復存在，所以我們只能透過故事瞭解它。

這座空中花園可能每天需要37,270公升的水灌溉植物，那是足以填滿466個浴缸的水量！

巴比倫帝國由尼布甲尼撒二世統領，據說空中花園是他為了妻子而蓋。

據信空中花園為23公尺高。

植物並非「懸吊」在空中，只是生長於不同的高度，而樹葉則掛在每個平台的邊緣。

精巧的灌溉系統將水抬升至花園周圍，使植物每天都能用水灌溉。

取水的難題

古代美索不達米亞人是水利專家，幾個世紀以來，他們建造了運河與水利系統，而城市就圍繞著這些設施而生。但是打造空中花園對水利專家而言也是一大挑戰，這座花園每天需要灌溉數千公升的水，而巴比倫是炎熱、乾燥且鮮少降雨的地方，即使這裡緊鄰幼發拉底河，工程師還是必須想出方法將河水往上輸送給頂層的植物使用。所以如果花園真的存在，人們到底要如何灌溉花園？這也是空中花園一直未解的供水之謎。

螺旋泵

取水難題的其中一種解決方案是螺旋泵，轉動螺旋泵時，水會注入螺旋葉片之間並往上帶起，當水到達頂端後會流下高一階的水池。據我們所知，古希臘工程師阿基米德在西元前250年左右發明了螺旋泵，比空中花園建造的時間晚了300年！不過，美索不達米亞人也有可能發明更早期的版本。

水上巨型都市

吳哥城是高棉文明能控制季雨的代表古蹟，1千多年前，一群稱為高棉人的族群在洞里薩湖旁（今柬埔寨）定居下來。高棉人知道每年雨季來臨時，大量雨水淹沒土地後，接著流進湖裡，使得湖水高漲。在季雨結束後，雨水消退，並因天氣炎熱而蒸發。然而，水位的退去導致了魚類消失，人們因此挨餓。為了防範長達半年的雨季，以及接著發生的旱災和飢荒，高棉人在吳哥都城周圍建造了一座巨大的運河系統，用來舒緩氾濫的洪水並將其用在農業。在今日，我們仍然可以看到吳哥城。

吳哥城有一千多座寺廟，規模從小遺址到世界最大的宗教紀念碑吳哥窟都有。

高棉人挖掘運河，用來盛接雨季降下的季節性雨水，這使得季節性降雨成為新的供水來源。

季風

夏季時，季風會替南亞和非洲西部帶來大量降雨。在這些區域內的強風改變方向，形成了季風氣候，當風向再次逆轉時，就會形成乾燥的冬季。

城市水道

高棉人重新疏導了河流80公里，並在1,000公里的區域內建造數條運河。幸虧高棉人巧妙地運用了水，才能打造出這個在工業化前，擁有1百多萬人口的全球最大城市。

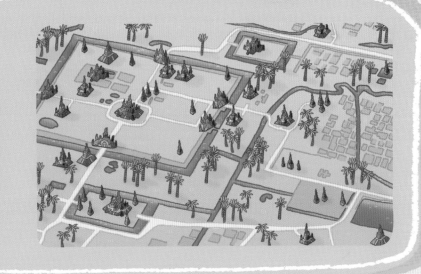

豐富魚獲

季雨使洞里薩湖大小成長三倍，變成東南亞最大的淡水湖，而只要有水的地方就會有魚，也使得此地變成世界上擁有最豐富淡水漁獲的地方！

高棉王國的吳哥城成為自身成就的受害者，因為人口成長得太快速，使水源不足以供應給所有的人！

高棉王國統治期間為西元802～1431年。在王國最強盛的時期，疆域涵蓋大部分東南亞，包含柬埔寨、泰國、寮國和越南南部。

運河

運河是一種人造水道，而非自然形成的河流。埃及、美索不達米亞和印度等古文明，皆會在大河河岸旁開鑿小運河以灌溉作物。數個世紀以來，人們學會了建造各種水道以運輸貨物與人群。

中國的大運河

中國人建造了世界上最長的人造水道，大運河長1,800公里，且完全以人工開鑿！運河起於北京終於杭州，連結了黃河和長江。最古老的部分建於西元前5世紀，其他部分近一千年後才慢慢加入。大運河是全球最傑出的工程計畫之一，而且至今仍在使用。

水往高處流

水不會往高處流，所以當運河遇到山丘或抬升的地勢時，工程師就需要找出辦法，讓水或是水上的貨物往上爬！解決的辦法稱為水閘，水閘有兩道閘門，閘門兩側的水位是不同的。為了使船能往高處移動，就需要先讓船進入低水位的閘室，再關上船隻後方的第一道閘門。藉由打開第二道閘門的閥門，高水位的水流進閘室將船往上抬，然後，敞開第二道閘門時，船就可以往較高水位的地方移動了。

工業革命

英國的工業革命發生於西元1760～1840年，當時蓋了許多工廠並大規模地生產貨品，這些貨品需要運送到境內各地。然而，馬匹只能拉動一定重量的推車，許多路還是泥濘的道路，此時需要更好的運輸系統才能迅速將貨品送往各地，運河就是最好的方法！因為船可浮在水上，所以可以裝載比馬車更重的重量，於是英國境內開始築起大型的運河系統。

隋煬帝的夢想

中國大運河為隋煬帝楊廣下令所建造。中國主要河流為從西流向東，但是楊廣想要建造一條運河，將南方農作豐碩地區的穀物供給到主要都市，以及提供北方大批軍隊的食糧。當時人們以為他發瘋了，不過藉由一百萬名工人、上千名士兵的幫助之下，他完成了夢想！

C. 船隻升起

D. 船隻可往高水位的地方航行

A. 船隻航行在低水位的地方

第一道閘門

B. 第一道閘門關起，第二道閘門打開讓水流進閘室

第二道閘門

橋梁與水壩

想像一下，如果先祖試圖橫渡急流，想要抵達世界另一端的沃土，或者是想要和其他村莊聯絡，但又因河流太湍急無法划船橫渡，那麼橋梁就是跨越河流的最佳方式。我們的祖先一定看過樹木倒下所形成的自然橋梁，瞭解到自己也可以輕易搭出橋梁！

木橋

在第一個文明於美索不達米亞與印度河流域崛起之時，便已經開始使用橋梁。起初，橋梁使用非常簡單的結構貫穿小溪和河流。這種橋梁由木頭、石頭和泥土所製成。木橋並不堅固，一旦下雨就會溶解支撐橋梁的泥土填料。

混凝土橋

古羅馬人掀起了一波橋梁建築的革命。羅馬工程師發現火山岩可以混合沙、水以及稱為水泥的自然接著劑，這種混合物硬化後能形成堅固的物質，又稱為混凝土。發現混凝土代表羅馬人能建造出更耐久與堅固的橋梁，貫穿更大的河流。羅馬人還建造出令人驚嘆的水道——一種可以運輸水的橋梁。

最長的橋

數個世紀以來，人們慢慢建造起更大更好的橋梁。世界上最長的橋梁是位於中國的丹陽至崑山特大橋，這座橋約長165公里，走向大致與長江平行並貫穿五座城市。

開合橋

倫敦塔橋處於跨越倫敦中心的泰晤士河上。它的橋身不高，有時大船需要往上游航行。為此，工程師發明出一種方法，使船可以從橋底下通過，那就是橋身可分成兩半並從中間升起！

大壩

大壩是一種阻擋河水流往下游的屏障。河水在大壩的牆後方逐漸累積形成大湖或水庫，當水壩牆後高壓的水洩洪時，就可以轉動渦輪產生電力（見第235頁瞭解更多資訊以及其原理）。美國的胡佛水壩高200多公尺，它可為當地的好幾個州提供電力。

探索大海

我們知道一些古代的祖先想要探索所處的世界，這也是為什麼人們透過陸地遷徙，探索和殖民新大陸，往前翻到第56頁可以知道更多關於人類遷徙的細節。探索海上的世界就更具挑戰性了，首先人們需要打造出可以航行在海上的船舶。不同於陸地上的旅程，一旦我們的祖先在海上出發就無法隨意停下來，而且為了在海上生存，必須把所有東西帶在身上！

七海

有一句話：「航行七大洋」，最先由古希臘人從海上出發探索世界時開始使用。對他們來說，七大洋圍繞著地中海，分別為愛琴海、亞得里亞海、地中海、黑海、紅海與裏海。在不同時期的不同文化中，「七海」用來代稱貿易航線、特定區域的水域或是異國遠方的水域。現今七海通常代稱北極海、北大西洋、南大西洋、北太平洋、南太平洋、印度洋和南極海。

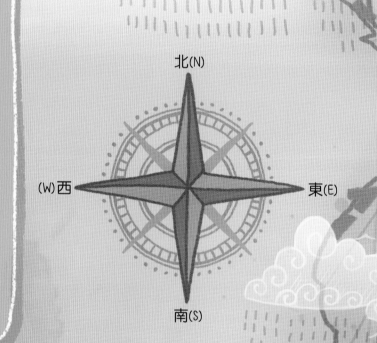

海上之路

探索海域使得人們可以交易貨品，以印度洋為例，這片海洋可謂水上絲路，絲路為古代連結東方與西方的陸上貿易路線網。印度洋貿易路線透過主要港口城市，連接了非洲東岸與在中東、印度、中國、東南亞的帝國。印度洋的貿易不但比絲路更興旺、更豐富，也包含了更多國家，14世紀和15世紀各國之間的貿易就此蓬勃發展。

絲路

季風市集

吹過印度洋的季風很容易預測。船長可以仰賴四月至九月間的季風從非洲航行至印度，接著在十一月至二月之間返航回到非洲，翻至第 210 頁瞭解更多季風的資訊。

海上貿易路線

鄭和與水上城市

鄭和為 15 世紀的中國海上司令，在西元 1405 ～ 1433 年之間，率領船隊橫越印度洋。鄭和的船隊就像一座水上城市，有 300 多艘船隻，隨行船員超過 27,000 名，超過了當時倫敦人口的一半。其中有些船的體積很龐大！指揮艦（又稱為寶藏船）長度有 120 公尺，還有 7 個以上的船桅。

大航海時代

現代的大航海時代始於 15 世紀，那時來自全球各地的人們開始有了連結。在歐洲，葡萄牙人最先出發航行，時間約於西元 1415 年。他們聽說了印度洋的貿易航線，於是想要在海上開創新航線賺取財富。起初因為對廣闊的大海感到畏懼，只沿著海岸線航行，後來沿著非洲西岸航行，每次都比前一次航行得更遠。

水上環遊世界

在 15 世紀，當水手出發前往中國時，是沿著非洲航行並前往東方。現今，因為知道世界是圓的，所以知道可以從歐洲往西航行到中國，但是 500 年前人們以為地球是平的！所以沒有人知道如果從歐洲往西航向開闊的大海會發生什麼事，也許這趟旅程永無止盡或是可能從地球邊緣掉下去！歷史上沒有紀錄往西的旅程，所以人們對橫跨大西洋產生了畏懼感。

西元 1497 年，
知名的葡萄牙探險家
瓦斯科·達伽馬
沿著非洲海岸航行，
最終抵達了印度。

哥倫布

克里斯多福·哥倫布是義大利探險家、航海家,他知道自己可以從歐洲走陸路往東抵達中國。但是他也好奇,若從歐洲往西航行是否也能抵達中國?也許會找到連同伴都不知道的新大陸?哥倫布決定不沿著非洲航行,而選擇直接橫跨大西洋,這個決定造成了轟動。最後,他發現了大陸,但不是中國而是美洲,不過哥倫布時代的人還不知道美洲的存在!很快地,人們紛紛討論起「新世界」,這塊在大西洋對面的新大陸。

好運萊夫

雖然哥倫布充滿冒險精神,但是他可能也聽說過,有位發現西方大陸的維京海洋探險家的故事。萊夫·艾瑞克森(Leif Erikson)生於西元970年,是一名冰島維京人,人們相信他是第一位發現北美洲的歐洲人。他航行到了紐芬蘭(今日加拿大)最北端,艾瑞克森發現這片土地的故事,在維京人之間世代流傳,所以可能哥倫布也聽過。

爲什麼是他?

在15世紀與16世紀也有許多具有冒險精神的船長,比如鄭和與瓦斯科·達伽馬,但是為什麼在這一時期,大家只記得哥倫布呢?也許是因為自從哥倫布抵達美洲後,北半球終於出現在地圖上了,許多因為大海阻隔而不曾相見的族群,現在終於可以像今日的我們一樣互動了!哥倫布同時也從西方帶回新品種的食物,如馬鈴薯、可可豆、蕃茄和玉米。

緯度與經度

繼哥倫布之後，大西洋敞開門戶供歐洲人探索，貿易版圖不但迅速拓展，也有機會探索更多美洲大陸，促使各國展開了貿易競賽。所有主要貿易航線都需要橫渡海洋，所以率先抵達新大陸取得貿易先機的競賽激烈。是否能抵達目的地需視船隻速度和測量位置的準確度而定，因此能夠判定在地球上的確切位置、離目的地的距離，成為一大關鍵，經緯度的競賽也一併拉開序幕！

在開闊的 海上航行

試想一下，你是個在海上航行的歐洲船長，任務是比歐洲競爭對手早一步抵達美洲。不過有個問題，水不像陸地，沒辦法用地標找到方向。水手藉由計算太陽與星星位置，記錄下海上航線，有助於找出他們在地球多遠的地方（緯度），但是還需要更多的資訊才能知道跨過多長的距離（經度）。

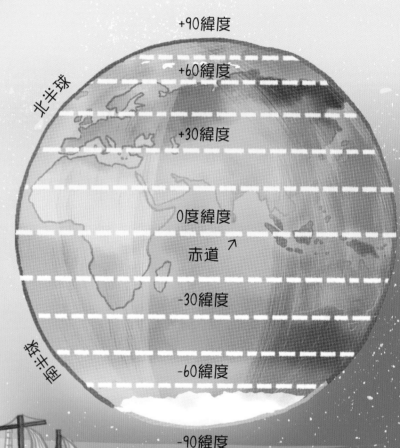

+90緯度
+60緯度
+30緯度
北半球
0度緯度
赤道 ↗
-30緯度
南半球
-60緯度
-90緯度

角度＝緯度的度數

找出緯度

找出自己所在的緯度其實不難，當太陽在日正中午的最高點時，
你可以測量太陽與地平線的角度。在晚上的北半球，
也能用天空中的北極星位置找出緯度。

時間等於經度

當地球一側為中午時，另一側即為午夜。為了計算經度，學者畫出介於兩點之間的線，這些線等於一小時的時差。船員要想算出距離家鄉的東西方多遠，只要在船上比較當地時間與家鄉即刻時間即可，問題在於17世紀的鐘錶只能在陸上使用，所以人們要怎麼在航行中的船上知道時間呢？此時就需要一項新發明了。

經度

如果船長或是航海家錯估了在海上的位置，其後果可能不堪設想，船隻可能會輕易撞上礁石並沉船，也會使船上的所有人喪命、失去所有貨物。因此有人提供了約等於現代幣值數百萬元的鉅額獎金，給想出海上經度的人。歐洲各地的水手與科學家盡力想出解決問題的方法，而且他們也真的想出來了，這也是歷史上最重要的科學發現。

優勝者是……

許多人想出各種解決經度與追蹤海上時間問題的方案，最後是英國的鐘錶匠約翰·哈里森勝出了。他發明出可以在海上追蹤時間的機械鐘錶。

經度 -30 度（中午12點 -2小時）
經度 0 度（中午12點）
經度 +30 度（中午12點 +2小時）
經度 +60 度（中午12點 +4小時）
經度 +90 度（中午12點 +6小時）
經度 +120 度（中午12點 +8小時）

在大航海時代，
人們開始對自然發展出
新思考模式，
質疑已知的信仰。
比方說水手發現世界
不是扁平的，
跟之前一些人所相信的
觀念截然不同。

海盜！

海盜的黃金時代為西元1650～
1730年，當時的船長必須隨時提
防海盜。海盜就是海上的罪犯，
他們覬覦著其他船隻的寶藏。最
知名的海盜航行於加勒比海與中
南美洲沿岸，不過，也有海盜
潛伏在印度洋，等待時機攻擊
船運航線。海盜會針對載著
昂貴貨物的商船規劃突襲行
動，並且希望賣出贓物後迅
速致富！

黑巴特

海盜中的佼佼者爲外號「黑男爵」的巴
沙洛繆‧羅伯茨，他出生於威爾斯，其
海盜生涯中攔截了470多艘船隻！他在
海盜時期會使用兩種不同的旗子。

紅或黑？

船隻經常豎旗以便辨識身分，傳統的海盜旗是「快樂
海盜」（Jolly Roger），但是許多海盜擁有專屬的特殊
旗幟。在18世紀早期，如果看到黑色海盜旗的話，那
麼選擇投降放棄船，海盜就會手下留情，但若是看到
紅色旗幟就表示沒人可以倖免於難！

這款「快樂海盜」的旗幟是1720年代最常見的海盜旗。

海盜船

海盜慣用的船稱爲單桅帆船，
它的船底很淺，非常適合潛伏
在大型船隻無法追蹤的淺灣。

海盜和私掠船

海盜俘虜其他船隻並偷取貨品，所以等於罪犯。然而，如果有歐洲國家僱用一些人做跟海盜同樣的工作，這些人就是守法的水手，又可稱為私掠船船員！這些名稱到底有什麼差別呢？

海盜

掠奪公海船隻的水手，搶奪寶藏後歸自己所有。

西印度海盜

17世紀，以托爾蒂島（現在為海地的一部分）與牙買加為基地的英法海盜，他們主要攻擊該區域的西班牙船。

私掠船員

替國家進行劫掠的水手，這些人通常會攜帶一張「私掠許可證」，代表自己是合法掠奪敵方船隻。許多私掠船船員最後會變成海盜或是西印度海盜。

海盜的一生

海盜的大半生都待在海上，他們是絕佳的水手，而優秀的航海技巧代表他們通常能逃離追緝。海盜也是善於使用地圖與羅盤的專家，許多海盜先以海軍身分航行於海上，但是軍船上的生活十分艱辛，所以有時船員就會反抗船長，再把軍船占為己有後，立定新規矩，接著海盜的生活就此展開！

探索河流

在 15 ～ 18 世紀間，歐洲探險家不只對海域有興趣，也對內陸水道感到好奇，他們開始探索並繪製世界上的河流。河流影響了人類祖先生存和繁盛的方式，直到現在我們仍然在研究這些河流。

世界上的十大河流

1. 非洲尼羅河

西元 1858 年 8 月 3 日，英國探險家約翰·漢寧·斯皮克在調查尼羅河的源頭時，看見一座湖，便以女王的名字，將此湖命名為維多利亞湖，儘管當地人已用其他名稱稱呼。一直到 2004 年，才有首位探險青尼羅河、白尼羅河全長的人。

2. 南美洲亞馬遜河

亞馬遜河為南美洲最長的河流。1542 年，西班牙探險家法蘭西斯科·德·奧雷亞納，是史上首位全程航行亞馬遜河的人。他用自己的名字命名這條河，但是後來人們以神話部落的女戰士將其改為亞馬遜河。當時亞馬遜流域有數百萬人居住。

3. 中國揚子江

又稱為「長江」，亞洲最長的河。有證據顯示，人類祖先最早在 200 萬年前就居住在此。

4. 美國密西西比河

美國原住民伴密西西比河與其支流而居，已達 1 萬年以上了，其中多數人為獵人與採集者，但也有建立起農業聚落，其中最大的農業聚落在近 2 千年前，有多達 2 萬人居住在此。

5.俄羅斯葉尼塞河

葉尼塞河的源頭來自蒙古中部的聖山，流經西伯利亞的草原與峽谷，再往北流入北極海。

6.中國黃河

黃河的名稱源於水中的黃色沉澱物，數千年以來，這條河也以「河流之母」為人所知，因為黃河流域曾為中國古文明的發源地，早在西元前2100年，黃河周圍即是中國最繁榮的區域。

7.俄羅斯鄂畢河

這條位於俄羅斯中部的河，是亞洲最長河流之一。鄂畢河最驚人的一點，是整年當中有5～6個月會完全結凍，然後人們會在冰封河面上滑雪、踩雪鞋遠足、或駕著狗拉的雪橇運動。

8.南美洲 巴拉那河

巴拉那河擁有溫暖氣候的特質，使它孕育出種類多樣的野生動物，其中包含潛伏於河岸的大西洋狼鰻與美洲豹。它是南美洲第二大河。

9.非洲剛果河

剛果河和其支流流經七個非洲國家，在1482年，葡萄牙探險家迪亞哥‧康成為首位找到剛果河源頭的歐洲人。

10.東亞黑龍江

西元1639年，由伊凡‧莫斯科維廷為首的一群探險家成為首批抵達太平洋的現代俄羅斯人，他們在河岸搭起冬季的營地，並透過當地人瞭解到這條雄偉的黑龍江。在1640年，他們往南方航行，探索鄂霍次克海的東南岸，也抵達了黑龍江的河口。

隱藏的河流

如同冒險家在500年前踏上尋找新河流的危險旅程，今日的探險家仍然做著同樣的事。全球各處持續進行探索河流的研究，而且還有許多地方尚未被發現，有許多河流顯而易見，但也有些河流藏於地底，如南美洲的哈姆扎河。

地底河流

隱藏的河流是十分特殊的，雖然不能直接看到河水，
但是這些河流在地下水系統攜帶了大量的水。
有時會流經地下洞窟，其他時候則滲入土壤與多孔岩石。
你可以翻到第18～19頁瞭解更多岩石種類。

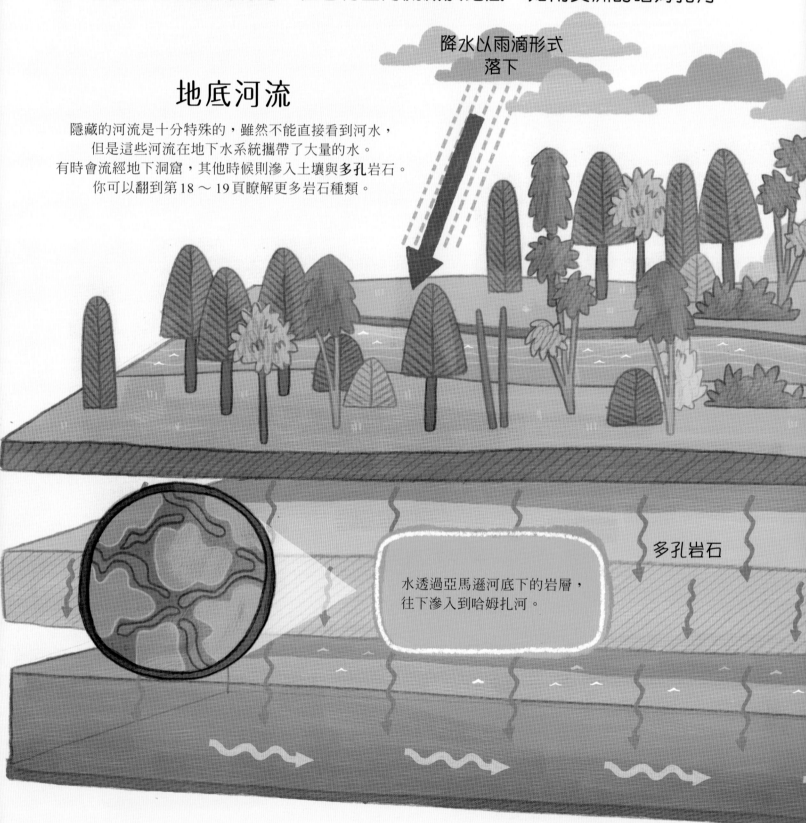

降水以雨滴形式
落下

多孔岩石

水透過亞馬遜河底下的岩層，
往下滲入到哈姆扎河。

發現哈姆扎河

中南美洲的亞馬遜河流域也許是全球最大的河水系統，它涵蓋超過7百萬平方公里的面積。不過直到近期，人們對它的瞭解還只有一半。西元2011年，科學家向全球宣布發現了哈姆扎河。它是一個藏於地底的大型河水系統，其流向大致與知名的亞馬遜河相同，不過它位於亞馬遜河岩層下方4公里。我們現在知道亞馬遜流域將水注入亞馬遜河與哈姆扎河，匯合成為一條巨河。

怎麼找到這條河的呢？

哈姆扎河由哈姆扎教授帶領的一群巴西科學家團隊所發現。
他們研究了石油公司於西元1970年代～1980年代，
在亞馬遜區域所開鑿的一系列共241座深井的資料，
發現水是以水平流向而非在特定深度之後就往下流。
哈姆扎河長6千公里，範圍約200～400公里寬。

亞馬遜的河寬沒有定論，在不同點測量，從1到100公里都有。

河流爭議

哈姆扎河到底算不算河流呢？
有些學者給了否定的答案！
這是因為發現哈姆扎河的研究者講述，
其河水是從亞馬遜河底下的多孔岩石流出，
而且一年只流幾公分而已，
所以他們認為這不符合河水的一般定義。
亞馬遜河流的水以每秒5公尺的速度流動，
但是哈姆扎河流速每小時少於1公釐，
你覺得呢？
河流必須達到特定流速才能稱為河流嗎？

探索冰原

地球的極圈被冰原包圍。北極位於世界頂端，為北半球中心；南極位於地球底端，為南半球中心。雖然這兩處位於地球的兩端，卻有許多相似之處，如一年之中，有6個月擁有24小時的永晝，以及2至3個月的永夜。然而，南極位於稱為南極洲的大陸，而北極則位於稱為北極地區的海冰中。

北極地區

北極地區其實為覆蓋著冰層的北極海與其周圍的土地所組成的，此區包含了格陵蘭全島、斯匹茲卑爾根島、阿拉斯加北部區域、加拿大、挪威和俄羅斯。

北極海

太平洋和大西洋的水都會注入北極海，北極海占了「世界大洋」的1.3%。大部分的北極地區被海冰覆蓋，海冰的厚薄與體積則視季節而有所差異。海冰會隨著風向與海流移動，冰山經常與冰層分離，對船隻造成危害。每年從十月到六月，北極海的表面會完全冰封，如果船隻沒在海面結冰前離開，就會被困在海上，但是今日的破冰船可在冰層上開出航道。

北極

北極地區

俄羅斯

阿拉斯加
（美國）

加拿大

覆蓋陸地與海洋的冰層

在南極洲東部,冰層覆蓋了一大片區域的陸地,此區就是南極大陸,它比澳洲更大!在南極洲西部,覆蓋海洋的冰層厚度可達海平面下2,500公尺。

世界大洋

經過好幾個世紀的研究和探索後,我們現在知道世界的海洋都連結在一起,形成了覆蓋地表71%面積的「世界大洋」。

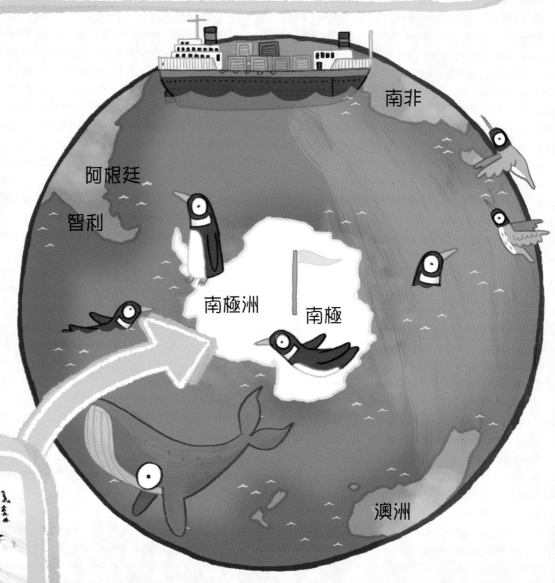

南非

阿根廷

智利

南極洲　南極

澳洲

南極冰層

南極冰層覆蓋了98%的南極洲,是全球單一體積最大的冰層!實際上,地球上所有的淡水中,有60%以上鎖在冰層內。假設明天所有冰層都融化了,就會使海平面驟升58公尺!

冰河時期

在地球的歷史中曾有過幾次的冰河期,你可以翻到第200～201頁閱讀更多相關資訊。冰河時期使得地球溫度驟降、極圈冰層擴張,與今日相較,當時地球上有更多淡水鎖在冰河中,代表著海平面較低。地球史上至少有五大冰河時期,實際上,一些學者表示我們仍處於260萬年前開始的一個冰河期中,因為目前的極圈仍有冰層!照理來說,冰河期之後的地球完全沒有冰,就連最高的山頂上也沒有。

深海

深海仍為地球上最為神祕的地方，我們對這些地球深處所知甚少，甚至不及對火星表面的瞭解。寒冷徹骨、伸手不見五指的漆黑，以及難以承受的高壓，海洋最深處是地球上最嚴峻的地方。海洋深處是什麼樣子？又有哪些生物能在海底生存？

往下探究

若要抵達海洋最深處，要從水平面往下潛10,000公尺。

3,000公尺

我們要通過抹香鯨曾被人目擊過的最低點。

3,800公尺

再往下潛，通過1912年鐵達尼號不幸遇難沉船的地點。

8,848公尺

雖然難以想像，不過如果你將聖母峰放在海底，它還是會整個被淹沒，還要加上1,600公尺，峰頂才會浮出海平面！

馬里亞納海溝

世界大洋的最底部有許多狹長裂口，地球上的每座海洋都可見到海溝，但是馬里亞納海溝是西太平洋最深的海溝。此海溝最深的一點為挑戰者深淵，這裡的水壓是海平面的1,000倍以上。這種壓力足以壓碎或溶解大部分的骨頭或貝類，所以任何居住在這片混濁水域的生物都是厲害的倖存者。

10,995公尺

地球海底最深的點稱為挑戰者深淵。在2012年，潛水器「深海挑戰者號」花了兩個半小時下潛到海底最深處。

眞實故事

2012 年，好萊塢電影導演詹姆斯·卡麥隆因為抵達挑戰者深淵而創下歷史，他並非第一位抵達海洋最深處的人（首次紀錄為 1960 年）但是他是第一位拍攝海床與採集樣本的人。他的特殊潛水器稱為深海挑戰者號，可在潛水時緩慢地旋轉以抵抗深海洋流，還使用了許多小型 LED 燈照明下潛到海底的旅程，整趟旅程花了兩個半小時。

有哪些生物潛伏於海底？

沒有人可以絕對確定海底住著哪些生物，因為難以使用衛星掃描整片海域的海床。人類知道大型海洋生物，如鯊魚或鯨魚無法在這種高壓下生存。不過，確實有些生物能在這種驚人的深度下存活。這些可在此繁盛的生物，可能沒有骨骼或是肺部等需要空氣的器官。海溝生物與海星或水母相近，牠們的身體大部分為難以壓碎的水和果凍狀物質所組成。

鮟鱇魚的頭上有發光的燈，用來引誘毫無戒心的獵物游進牠恐怖的嘴巴裡。

「Xenophyophores」（一種有孔蟲門原蟲，尚未有中文學名）爲單細胞、果凍狀的生物，體積通常小到難以看見，但是在深海找到的這種生物因爲十分適應海底的極端環境，所以體型龐大，身長近 10 公分。

2014 年發現了新種類的深海獅子魚，其身體由類似紗紙的物質組成，代表著這種魚不易受到深海高壓影響。

水與改變

水是賦予生命的液體，但同時具有改變和雕塑地景的強大能力，還有令人難以察覺的力量，就是風化與侵蝕。風化作用為岩石隨著時間崩解和磨損，形成了岩石循環的一節，你可以翻到第18～19頁瞭解更多相關資訊。侵蝕作用，是指岩石和沉積物被水、冰、風或重力帶走與移動，且慢慢磨損的過程。

物理風化

物理風化會在水滲入岩石時發生，水因為溫度驟降而結凍，結凍的水比液體占據了更多空間，使得岩石受力出現裂縫。這張照片中的岩石稱為「裂開的蘋果岩」，位於紐西蘭沿海。物理風化還會發生在太陽的曝晒下，石頭會因過熱而龜裂。

化學風化

有時在水中發生的化學反應，會導致岩石產生變化。比方說在溫暖潮溼的地方，水與氧會合力分解岩石中的礦物質。而雲中的水和空氣中高濃度的二氧化碳混合後，其降雨就帶有微量酸性（可見第174頁）。當酸雨和特定種類的岩石，如石灰岩或滑石接觸，就會使得這些岩石開始溶解，此為地下洞穴的成因，岩石經過幾千年，慢慢溶解而成。

滲穴

當地下水滲入地底，碰到水溶性岩石，如滑石或石灰岩，水會逐漸侵蝕岩石並形成滲穴。有時滲穴被表面的一層土壤覆蓋，當這層土壤無法支持自身在洞穴上的重量時，就會突然崩塌。滲穴若突然出現在鄉鎮或城市中，可能會造成重大的損害。

侵蝕作用

移動的水也有助於將岩石分解的更小，因為快速流動的水會使石塊經過長距離的互相碰撞。石塊被水帶著移動時，因侵蝕而變圓，所以水中的鵝卵石摸起來才如此平滑！山上流動的河水往下流入大海時，會有許多能量，當石塊沿著河流往下移動，它們會侵蝕河床與河岸，進而製造出看起來像是字母「V」的河谷。

快速流動的河水
帶著石塊一起移動

冰河

在上一個冰河時期時，冰層覆蓋了地景，北半球部分地區的冰層將近2公里深。由於重力作用，厚重的冰層慢慢往下坡滑，也在移動時帶走部分的土地，這種現象的發生稱為「冰河」，有些冰河大到從岩石中刻出了整座河谷。

冰斗是一個碗狀山谷，
位於冰河上端。

懸谷是一個U型山谷，
位於主流冰河谷一側，
這些山谷通常由
大冰河一側的小冰河所刻成。

峽灣為狹窄的海洋入水口，
位於冰河雕鑿出來的險峻峭壁之間。

潮汐

潮汐是海洋起落的活動。在一天之中的不同時段，海岸旁的水平面可能變高或變低，這是因為海水受太陽與月球重力影響！當月球引力將離它最近的海水往月球端牽引時，就會出現滿潮，海水也會漲起。地球本身也會稍微受到月亮的牽引，所以背離月亮最遠的海水也會出現滿潮。乾潮發生的原因，為地球頂部和底部的海水（視月球的相對位置而定，參考本頁的主圖）因牽引作用離開兩端的滿潮區。

乾潮

滿潮

滿潮

乾潮

潮汐發電

潮汐的力量令人驚嘆，數百萬升的海水只在幾小時的間隔中漲潮又退潮。海浪底下創造出的海流可流動上千公里，許多年來人們一直想利用潮汐的能量，工程師試圖用不同技術掌握這種無止盡的能源。

小潮

當月亮在天空中為半月時，
表示與太陽並未連成一線。
當這兩者對著地球呈現90度角時，
代表它們的引力互相抗衡，
因此形成小潮。
一個月內會出現兩次小潮，
而且海浪會比平常更低。

大潮

太陽也會影響我們的潮汐。
當月亮為新月或是滿月時，
太陽、地球和月球成一直線，
太陽和月球的引力合在一起形成大潮。
每月會出現兩次大潮，
而且海浪會比平常更高。

大潮

小潮

小潮

大潮

潮汐渦輪機

沿著海岸流動的潮流深度約為20～30公尺。
潮汐渦輪機和風力發電機有點類似，但是它
們的旋轉輪位於水底。旋轉輪的寬度約20公
尺，隨著大量潮流通過時轉動，促使發電機
產生電力。

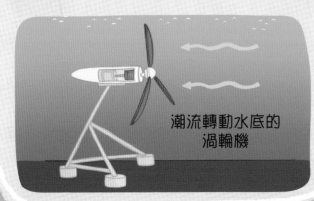

潮流轉動水底的
渦輪機

攔潮堰

另一種徹底利用水流能量的方式，就是打造可
以橫跨河水或海灣入口處的攔河壩（又稱為
堰）。當水在滿潮和乾潮流入與流出時，穿越
渦輪機的水流會轉動發電機，進而產生電力。

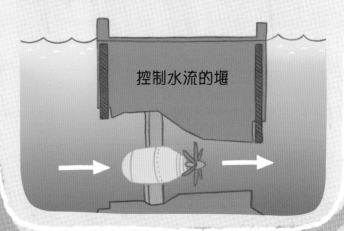

控制水流的堰

海嘯

能量穿過水時會產生海浪，這種能量通常因為風或潮汐而產生，或由可使水移動的物體（如球拍擊水面，或在海床發生的地震）產生。許多孩子喜歡在有淺浪的海邊玩水，衝浪手喜歡駕馭海浪，但是有些海浪卻足以致命——海嘯。海嘯是一連串的波浪將劇烈起伏的海水推向陸地。在這種巨大的水牆中，有些可高達30公尺，當水牆在岸上崩解會造成陸地上的大災難與損害。

解讀海水

海嘯發生之前，通常會出現一些跡象。所有海浪都有波峰和波谷，海嘯發生時波谷會先抵達陸地。海嘯的波谷會將岸邊的海水吸入海中，暴露出海床或港口地面，因此海水後退是大災難即將到來的重要警示。

3. 當海水抵達海岸時，海浪間隔更近也更高。

2. 地震起源地的海浪高度起初不高。

1. 地震發生，海床上升使得四周的水跟著移動，製造出海浪。

成因和地點？

海嘯通常由海底地震造成，地震發生於地殼板塊邊界（見第24～25頁），水下的土石流或是火山噴發也會造成地震。事實上有80％的海嘯發生於太平洋的「環太平洋火山帶」，此區經常發生地震與火山等板塊活動，海嘯發生前沒有太多預警，它們跨越海洋的流速為每小時800公里，就跟噴射飛機一樣快！

強大的巨浪

在深海中，海嘯的海浪起先只有50公分高，但隨著湧入海岸線的途中，海水變淺，使得海嘯移動速度變慢、高度增加。海嘯頂部移動的速度比底部還快，導致海水急遽升起變成恐怖高聳的海濤。

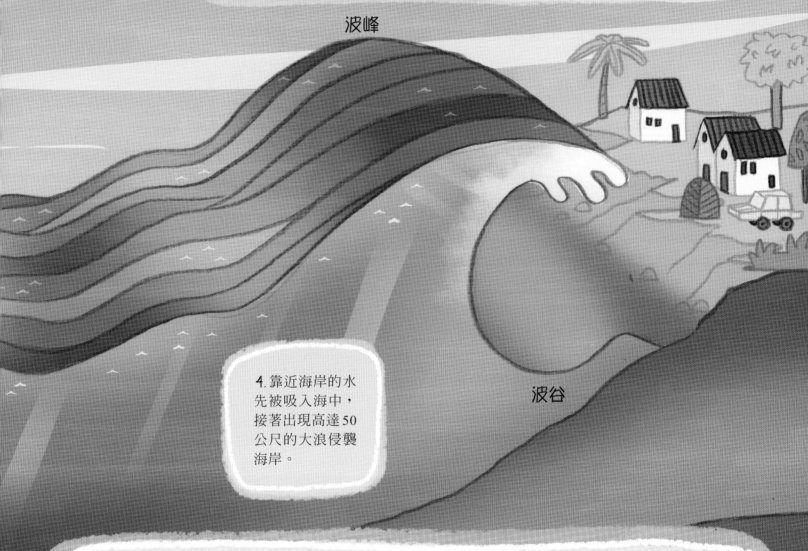

波峰

波谷

4.靠近海岸的水先被吸入海中，接著出現高達50公尺的大浪侵襲海岸。

大海嘯

有些海嘯規模大到被冠上「大海嘯」的稱呼，但是近代史上還未發生過這種海嘯。有些科學家認為，如果加那利群島上的康伯利維亞火山噴發，將會釋出500立方公里的岩石到海洋中，如此一來會引發1,000公尺高的巨型海浪。這波巨浪離開加那利群島後，最終抵達巴西、英國與美國東岸，雖然巨浪行進時高度會逐漸降低，但是它抵達陸地時仍有可能達到50公尺高，也會造成重大的損害。

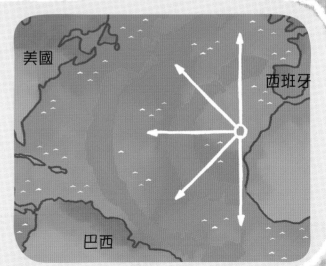

美國

西班牙

巴西

瀑布

瀑布就是展現水的力量的壯觀例子,當河水從陡峭岩壁傾瀉到下方的水潭,就形成了瀑布,有些則是隨著時間推移,河床的岩石被侵蝕後形成瀑布。風化作用(見第232～233頁)逐漸消磨軟質岩,留下質地硬的石頭作為河水流經的岩架。世界上有好幾種不同種類的瀑布,取決於水流下的方式而定!

> 河流在接近瀑布時的流速會加快,也代表因為流過懸崖的急速水流,使得水落下產生更多的動力。

扇形瀑布

這種瀑布的河水在落下時會呈扇形散開,加拿大溫哥華島的處女瀑布就是壯觀的一例。

瀑布與侵蝕

流動的河水帶著沉積物,可能是細小淤泥粒子、硬石或大型岩石等。迅速移動的沉積物侵蝕軟質岩組成的河床,如石灰岩或是砂岩。經過一段時間後,因河水侵蝕到深層的軟質岩,只有如大理石的硬石會留存下來。

山壁瀑布

山壁瀑布從寬闊的溪流流下,最佳的例子就是位於加拿大和美國的尼加拉大瀑布。

階梯瀑布

此類瀑布的河水會沿著一連串的台階往下流,印度的猴子瀑布就有許多淺台階,而且水流速度和緩,很適合供孩童在此戲水。

冰瀑

它的名字透露了祕密！這種瀑布在一年之中至少有一段時間會結凍成為固體，科羅拉多州的尖牙瀑布就是一段往下結凍30公尺的冰柱。

急流瀑布

急流瀑布是強大但也伴隨著危險的瀑布種類，其中最驚人的例子就是水流聲震耳欲聾的大瀑布群，位於阿根廷和巴西中間的伊瓜蘇瀑布。

斜槽瀑布

斜槽瀑布水流狹窄，並在高壓中從岩架往下奔流。三斜槽瀑布流經美國加州的優勝美地公園。

水力發電

所有往下流的水都不會白白浪費！全球各地的人們試圖藉由水力發電廠利用瀑布水流的動能，發電廠透過渦輪轉動發電機，進而將水流轉換成電力。在世界各地，水力發電廠可產生出約地球電力總額四分之一的電力，替十多億人供應用電。

彩虹

彩虹是美麗的風景。彩虹奇觀光彩奪目，也是許多童話故事、歌曲、以及傳說的靈感來源，它們喚起了世界各地人們的好奇心。瞭解彩虹的原理其實不難，它是水與光的奇妙組合，這種組合的排列可創造出天空中的色彩。

彩虹的祕密

雨滴和陽光是形成彩虹不可或缺的兩種元素。視覺所見的陽光為白色，但實際上陽光由七種顏色的波長組成，但我們通常看不見，這七色為：紅、橙、黃、綠、藍、靛、紫。當陽光以特定角度穿透雨滴，白光中帶有的七種色調就會分離成七種顏色，當光譜中的七種顏色分離出來，即形成了彩虹。

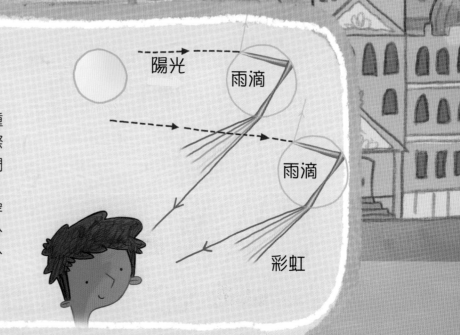

陽光

雨滴

雨滴

彩虹

光線折射

彩虹的形成是由光線折射而來。當光線從空中進入水中時，因為兩者為不同介質而形成光線的折射。想像一下，你看著池塘裡的魚，當光線從魚身上反射回來時，它在離開水到進入空氣之間會造成些微的折射。但是你的眼睛無法察覺到光的折射，所以認為光從魚身上直接反射。這表示你的眼睛會認為魚比實際位置更近。

天空中的彩虹

如果在高空上看到一道彩虹，比如在飛機上，那麼表示你位於製造彩虹的雨滴上方，有可能看到圓形的彩虹。在地上，人們只能看見拱形彩虹，因為那是地平面上才可見到的部分，其他的部分都藏起來了。

屬於你的迷你彩虹

在特定時間下，你可以在你的影子外圍製造出一道彩虹。如果身處於充滿霧氣的高山上，加上太陽從背後直接照射，你的影子就會投影在下方的霧氣中。陽光照射到充滿水氣的霧裡會分離出顏色，又因為你站在水滴上方，所以就會看到圓形的彩虹，這個超酷的效應稱為「布洛肯光」或「山中鬼影」！

洪水

洪水是一種本來為乾燥的區域，卻突然遭水淹沒的自然現象。有時因為農作需求，所以人們選擇讓土地氾濫，但是極端氣候通常為洪災發生的起因，而且也會造成重大災害。數千年以來，人類必須面對洪災造成的問題，光是在過去的一百年，洪水已經奪去了數百萬條生命，比其他自然災難更多，科學家聲稱最大的洪水流量等於每秒有40個奧運游泳池傾泄而出！

冰河時期的巨型洪水

最近期的冰河時期，距今1萬2千～2萬5千年前，當時地球出現前所未有的大洪水，這場稱為「密蘇拉」的大洪水流經現今美國地區好幾百公里。學者們認為，冰川崩解流進山谷，阻擋了自然的水流，就爆發了洪水。這場大水摧毀了它所經之處，巨石跟著洪水移動，聚疊起來達數百公尺高！這也使得密蘇拉洪水成為史上最大的洪災之一。

測量大洪水時，我們只記錄淡水水量，而非從海洋湧起的潮水。

柯瑞大洪水

柯瑞大洪水可能是俄羅斯史上最大的洪災，它也是另一場冰河時期間發生的洪水，這場大洪水帶來的每秒水量，就像6,800座奧運泳池傾泄而出！

危害家園的洪水

在許多國家，特定區域的城鎮較容易受到洪水侵襲。也許是因為這些城鎮位於山丘底部，所以降雨量大時就會淹水，或是這些地方位於低河岸的河流旁。這些地方的居民必須小心提防洪水，以及瞭解如何善用沙袋阻擋洪水入侵家園。

降雨過多

造成大洪水的原因，其實就是下太多雨！南美洲於1953年發生過一次大洪水，因為降雨過多造成亞馬遜河流域以驚人的速度溢流。亞馬遜河為世界上最大的流域，它將全球20%的淡水洩流進海洋。亞馬遜河地區經常發生季節性的氾濫，但是西元1953年的洪水是（因降雨而造成的）氣象史上之最，還導致了生命與家園的損失。

火山洪水的力量

大約在1萬年前，在現今阿拉斯加，一座火山造成了阿尼亞查克洪水。火山噴發形成了大火山口，後來隨著時間被降雨填滿，隨後雨水侵蝕並消磨了火山口邊緣，突然間所有雨水溢出，爆發那一刻的出水量有400個奧運游泳池那麼多！

水的未來

現今的氣候變遷將會對未來水循環造成莫大衝擊，地球的自然循環代表地球氣候不斷改變中（見第110頁），但是與今日不同之處，在於人類也是促成氣候變遷的原因之一。由於人們燃燒過多的煤炭與石油等化石燃料，增加空氣中的二氧化碳，你可以往前翻到第156頁，回顧一下化石燃料的成因。下面是可能會在未來遇到的挑戰，以及可以因應的方法。

洪水

氣候變遷造成了全球平均溫度上升，使得2016年成為史上最熱的一年。極圈冰冠持續縮小導致海平面上升，許多國家承受了更多降雨與洪水。極端降雨會造成一種新的全球問題——氣候難民。在2005年，位於南太平洋萬那杜群島的特瓜島成為首見的氣候變遷難民，由於氣候變遷造成的洪水，他們被迫重新定居於高地。

乾旱

在地球的另一端，缺少水源成為了未來一大問題。由於氣候變遷，一些區域氣候更為乾燥且難以居住，如果沒有足夠的水源供應農作，穀物也無法生長。在世界上更貧窮的一些地方，人們無法從其他地方取得糧食，因此可能會導致飢荒。自從1970年起，非洲南部、南亞、地中海地區和美洲西南部的降雨量就日益減少。

減少碳排量

好消息是，仍有許多方法來幫忙解決即將面臨的挑戰。可以幫助地球的主要方法就是降低碳排量，離開房間時順手關燈，就可以減少家庭用電。如果多走路、使用自行車或是搭乘大眾交通工具，而不是開車出門，就能減少燃油的使用量。何不試試看種植蔬果，這樣就不需要從世界各處運送到你身邊了。

如何省水

雖然水覆蓋了地表的大部分，但是其中多為海水而非淡水，不論你住在地球的何處，可使用的淡水其實不多。實際上，可供人類與動物飲用的淡水只有1%，而世界人口不斷增長！所以你可以透過減少用水幫助地球！

刷牙時
關掉水龍頭。

你可以試著
以沖澡取代泡澡，
但是不要沖
超過五分鐘喔。

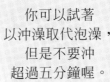

在家庭中
廁所用水的水量最多，
所以沒有使用廁所
就不要沖水！

請大人修好
家中漏水的
水龍頭。

洗碗盤時
不要開著水龍頭洗，
你可以用水槽塞！

收集雨水
澆花和洗車。

水世界

隨著海平面升高以及更多的暴雨肆虐，人們必須認真思考如何適應水所覆蓋的地球。我們可以成為太空人，在月球與火星上建造**太空殖民地**，或是成為深海潛水員，學習如何在水底生活！

深海科技

想像一下，假如能藉由水流能量產生可更新能源，並創造出水底殖民地。雖然現在水底科技還處於早期階段，但是海底科學家指出，足以創造大型海底殖民地的科技早就出現了，但工程師仍須設計出更好的緊急疏散系統，以及儲存大量淡水與空氣以容納更多人的方法，不過也許只需要再過一百年，就有人類可以離開陸地居住於海洋城市中了！

水中蛟龍

我們也許比想像中更適應水下的生活。在泰國西岸，有個部落民族稱為莫肯人。莫肯小孩每天在水下待好幾個小時，即使頻繁出入水面，眼睛也不會出現不適。神奇的是，他們就像海豹與海豚一樣能控制自己的眼睛，可以讓眼睛的**瞳孔**變小，並改變眼睛水晶體的形狀，使其在水下也有銳利的視覺。其他同齡的小孩無法做到這點，連莫肯成年人也做不到。科學家認為這跟大量的練習有關係，也許未來有更多人也能改善自己在水底的自然視力也說不定喔！

深海潛水員就跟太空人一樣，只是他們在海底工作而非在太空，他們像是海底探險家，尤其是指那些長時間在水下工作或生活的人。

水下人類的演化

如果人類選擇在水下探索未來，就必須適應水下生活。然而，深海潛水員足以進化到不用科技的輔助，還能在水下存活嗎？再過幾百年，這極有可能成真！有許多哺乳類都能在水下生活，而且只需偶爾浮出海面呼吸就可以了，就像鯨魚與海豹。但是與此同時，人類可在水底憋氣的紀錄只有24分多鐘，而且千萬不要在家裡挑戰這項紀錄喔！

P10

氣體：一種流動的物質，可以自由延伸填滿任何空間。

地心引力（重力）：一種引力，可以吸引物體朝地球中心移動、將物體保持在地表上，或是在軌道上繞著星球轉圈。

P11

元素：可組成所有事物的一種物質，不能分解成為更單純的物質，週期表中有元素的分類。

固體：一種堅硬而且不改變形狀的物質。

氧：空氣中一種無色無味的氣體。

化學元素：和化學研究有關聯的一種物質。

壓力：一種透過接觸某種東西並施加在物體上的力量。

水蒸氣：一種存在空氣中的固體或液體物質，水最為常見。

大氣層：圍繞地球與其他星球的多層氣體。

P12

放射性輻射：可從自身釋放出帶電粒子的一種物質。

物質：實際物質的泛稱。

熔融：固體因為高溫融化為液體。

液態：一種可以自由流動的物質。

密度：物理學上指單位物體所含物質組織的疏密程度，以高低來表示。

P14

化石：在石頭中發現的動植物印記或遺跡，而且已經保存數百萬年之久。

P16

證據：可以顯示出某種物體為實際存在、真實或合理的資訊。

P17

物種：包含相似個體的一群生物，舉例來說，獅子和老虎都屬於貓科。

棲息地：一種生物的自然生長環境。

P19

風化作用：因為暴露在氣候、天氣或水之下而消磨或改變一個東西的外觀。

P20

礦物質：由一種或更多元素所組成的自然生成固體物質。

有機物：一種跟活體相關的物質。

有機體：一種活著的動植物或單一細胞生命體。

P21

細菌：一群微小的單細胞生物體，有些會導致疾病的產生。

吸收：吸入或是攝取一種物質。

養分：可提供營養成分給生物使其成長的物質。

碳：一種化學元素，可在地球上所有生物體內找得到。

P22

分子：由一群原子結合而成、可以參與化學反應的一種粒子。

P26

摩擦力：一種表面在另一種表面上移動時產生的抗力，使得物體移動速度變慢。

文明：一群人在特定區域內的社會、文化以及生活方式。

P27

能量：這種力量可在激發後執行工作，它不是一種物質，而是一種能源。

P31

氣候：長時間在一個區域中的典型或平均天氣條件。

P32

沃土：營養的土壤或土地，使植物和作物順利生長。

P34

間歇泉：一種地面的溫泉，可以噴發高的水柱和蒸氣柱到空中。

P35

電力：一種能量，可以流動於帶電粒子所產生的電流。

P36

史前時代：在有書寫紀錄之前的時代。

祖先：用來形容一種人，通常為與自己有血緣關係，但是比祖父母隔了更多代的人。

P38

掠食者：一種動物，具有獵捕其他食物的習性。

P39

演化：隨著時間慢慢發展。地球的生命就經過數十億年的進化。

P42

冰河時期：地球歷史上的一段時間，此時氣候寒冷，冰層也在地球上擴張。

P45

恐龍：動物名。中生代時期棲息陸地的爬蟲類，現在已滅跡。

P46

古生物學：研究化石的科學領域。

P48

人工製品：一種由人類製造的物品，可能具有文化或歷史上的價值。

侵蝕：大自然逐漸破壞某種東西的現象，比如石頭被風或水磨損。

P50

多樣性：形式或規模呈現多種樣式，比如人類的膚色有不同顏色。

P51

去氧核糖核酸（DNA）：一種大分子，包含了生物存活生長所需的所有資訊。

P52

細胞：組成所有生物的最小單位。

基因：數千節基因可組成DNA分子。存於生物內的每段基因藏有控制生物體外觀或行為的資訊，基因會從父母遺傳給孩子。

P53

染色體：一種發現於活細胞的結構，帶有蜷縮在內的DNA分子，大部分人類細胞包含了23對染色體。

P54

世代：出生和生活於大約為相同時間的所有人。

P56

考古：透過挖掘地面與檢視發現的物體，進而探索人類歷史。

P58

原生地：一個人或生物原本出生的地方，即使後來已經不居住在該地。

P60

乾旱：在一個區域內，因為長時間經常處於低降雨量所導致的缺水現象。

P63

歐亞大陸：歐洲和亞洲加總的大陸版塊。

P64

糧荒：在一個區域內極度缺少糧食。

P65

高原：一個較平坦、高於地表的區域。

P71

粒子：物質的一個微小部分。

P75

光合作用：植物用太陽的能量，並從水與二氧化碳製造醣與氧的過程。

化石燃料：是一種碳氫化合物或其衍生物，包括煤炭、石油和天然氣等天然資源。

P76

遺傳：從父母或祖父母身上獲得特質或個性。

P78

磁：一種帶有電荷的物體，可以吸引其他物體向其移動或推開其他物體。

P81

薄膜：一種薄且有彈性的組織，可以當作內膜或覆蓋材料。

P83

中空：一個物體內部有一個洞或是空白的空間，如鳥或蝙蝠的骨骼。

P88

軌道：一種物體圍繞著星星、地球或月球轉動的曲線，地球就繞著太陽轉。

P89

竹子：一種草，外表看似木質，可以生長得非常高。

P98

振動：持續來回移動。

振幅：波動為在平靜位置的最高及最低點的距離，振幅越大聲音越大。

P99

分貝：用來測量聲音音量的單位。

字詞釋義

P100
草食性動物：持續進食牧草的動物。

P101
發育期：孩童變成大人的時期。

P105
回音：因為聲波反彈或從地表反射而產生的一種聲音。

P111
家畜：畜養的動物。

P127
再生能源：不會隨著使用而消耗的自然能源，例如風力。

P130
原子：任何化學元素中最微小的粒子。
化學反應：一種化學過程，在過程中物質本身或其他物質改變為不同物質。

P135
神話：一系列的故事，通常牽涉超自然生物或事件，並由特定宗教或文化團體所產生。

P139
蒸發：從液體變成氣體或蒸汽。

P152
活塞：管子中的短圓筒或碟片，可因液體或氣體施加壓力使其上下移動，活塞可以在引擎中創造動力。
火車頭：一種有動力的鐵路車輛，可用來拉動火車。
加壓：施加或增加壓力。

P160
冶煉：從礦石中以加熱或熔解提煉出金屬。

P163
湍急：河流快速流動。

P168
殺蟲劑：一種化學物質，可用來摧毀損害農作物的有機體。

P169
企業家：透過設立新企業賺錢生活的一種人。
儲油層：能夠儲存石油與天然氣的岩層。

P172
蛋白質：一種由營養素組成的有機物質，是所有生物不可或缺的部分。

P174
汙染：一種在環境中的物質，具有損害或毒害的效果。

P180
烽火臺：一種火、燈光，架設在明顯的位置，用來提供警示或訊號。

P190
儲水池：用來儲存和供應水源的大湖。

P192
河口灣：河流與大海相接的地方，以及淡水與潮汐海水相遇的地方。

P193
冰河：一種緩慢移動、擁有巨大體積的冰。

P194
中古世紀：歐洲大約 5 ～ 15 世紀的時期。

P202
灌溉：一般為透過渠道供應水分至土地或作物幫助它們生長。

P205
淤泥：由流動的河水帶動的細砂、陶土和其他物質，然後沉積在一個區域內。

P206
法老王：古埃及的統治國王。

P226
多孔：一種具有微小孔洞的材質，通常為石頭，使得液體或空氣可以穿過石頭或被其吸收。

P230
裂口：存在於地表上一道深又狹窄的隙縫。

P246
太空殖民地：指在地球以外建立永久的人類居住地，以及對太空中的資源取得控制權。

P247
瞳孔：眼睛正中央的黑色圓孔。

索引

索引

索引

延伸閱讀

如果你想要多瞭解地球，生物如何演化，
以及使地球成形的所有作用力，
下面這些書籍也許你會感興趣：

《Science Year by Year》（DK 出版社）
這本書充滿著令人驚奇的發現和事實，此書描述的時間軸會帶著你踏上神奇的時間之旅，瞭解從石器與簡單機器到時空旅行與機器人的知識。

《How to Be a Space Explorer》（Lonely Planet Kids）
少年探險家探索太空所需的所有旅行知識，包含零重力的生活、如何找到太陽系的方向，以及最重要的問題——如何在太空衣裡尿尿！

《Dinosaur Atlas》（Lonely Planet Kids）
回到1千5百萬年前，打開摺頁並翻起書頁，揭露失落的史前時代土地和曾經遊蕩在此的恐龍，揭曉恐龍新發現與這些古代生物如何生存的驚奇故事。

《Story of Life: Evolution》（Big Picture Press）
一本內含美麗插畫的折疊書，帶領你認識進化過程，從第一個單細胞生物起到現代生物型態為止，你可以把它當作一本書閱讀，不然就好好蓋起來吧！

《Everything Volcanoes and Earthquakes》（National Geographic Kids）
本書用不可思議的照片，以及讓人驚嘆的事實展示出大自然的威力，書中灌注許多火山爆發與撼動大地的地震驚人資訊。

《國家地理兒童百科：天氣》（National Geographic Kids）
天氣可以很多變、難以預測又令人驚嘆！威力強大的龍捲風侵襲家園、地震撕裂了整個城市、颶風飛過鄉鎮等。所有你想知道的關於天氣的知識以及它的多變性都能在這本書中找到。

《Curious About Fossils》（Smithsonian）
這本書解釋了化石為何與在何處成形，並且探討多采多姿的生物與早期偉大的化石探尋者找到的重要發現、探索現代化石考察與科技。

《Eyewitness: Climate Change》（DK 出版社）
這本書深度探討全球暖化的問題和原因、它可能導致的後果，以及人類該如何應對。書中收藏令人驚奇的照片，紀錄下影響天氣、環境與我們的劇烈變化。

《Ocean: A Children's Encyclopedia》（DK 出版社）
從北極海到加勒比海、從微小浮游生物到巨大鯨魚、從沙灘到深海，探索海浪下的神祕世界，書中有許多有趣的圖表與小知識，以及清晰的照片。

《The Way Thing Work Now》（DK 出版社）
透過數位科技的世界，友善的長毛象帶著你踏上驚奇旅程並解釋各種事物運作的原理。

《Destination: Space》（Wide Eyed Editions）
如果你想出發到我們星系以外的太空與銀河系，探索其中的星星、星球和隕石，這本書就是最好的選擇。

《What is Evolution》（Wayland）
生命是如何從海中單純的單一細胞生物進化到今日令人驚奇、複雜又多元的生命體呢？這本書探索進化過程是如何在數十億年之間影響地球上的所有事物。

建議探索的地方

從科學博物館到太空中心，下面有一些地方你可能有興趣造訪，這些地方具備了互動式實驗和體驗，十分適合讓你發現更多新知識，好好享受探索的樂趣吧！

英國

科學博物館，倫敦
（www.sciencemuseum.org.uk）

自然史博物館，倫敦
（www.nhm.ac.uk）

國家太空中心，列斯特
（www.spacecentre.co.uk）

@Bristol（布里斯托科技館）布里斯托
（www.at-bristol.org.uk）

智庫伯明罕科學博物館，伯明罕
（www.birminghammuseums.org.uk/thinktank）

麥格納科學探險中心，羅賽罕
（www.visitmagna.co.uk/science-adventure）

找到了！國家兒童博物館，哈利法克斯
（www.eureka.org.uk）

生命科學中心，紐卡斯爾
（www.life.org.uk）

格拉斯哥科學中心，格拉斯哥
（www.glasgowsciencecentre.org）

亞伯丁科學中心，亞伯丁
（www.aberdeensciencecentre.org）

科學探索中心，加地夫
（www.techniquest.org）

W5，伯發斯特
（www.w5online.co.uk）

澳洲

澳洲博物館，雪梨
（www.australianmuseum.net.au）

雪梨天文台
（www.maas.museum/sydney-observatory）

動力博物館，雪梨
（www.maas.museum/powerhouse-museum）

墨爾本博物館，墨爾本
（www.museumsvictoria.com.au/melbournemuseum）

國立科學技術中心，坎培拉
（www.questacon.edu.au）

昆士蘭博物館與科學中心，昆士蘭
（www.qm.qld.gov.au）

美國

自由科學中心，澤西城
（www.lsc.org）

科學與工業博物館，伊利諾州芝加哥
（www.msichicago.org）

科學探索館，加州舊金山
（www.exploratorium.edu）

發現廣場科學博物館，南卡羅萊納州沙洛特
（www.discoveryplace.org）

科學博物館，麻薩諸塞州波士頓
（www.mos.org）

COSI，俄亥俄州哥倫布
（www.cosi.org）

美國國家航空航天博物館，華盛頓哥倫比亞特區
（www.airandspace.si.edu）

富蘭克林研究所，賓州費城
（www.fi.edu）

加利福尼亞州科學院，加州舊金山
（www.calacademy.org）

印第安納波利斯兒童博物館，印第安納州印第安納波利斯
（www.childrensmuseum.org）

馬里蘭科學中心，馬里蘭州巴爾的摩
（www.mdsci.org）

卡內基科學中心，賓州匹茲堡
（www.carnegiesciencecenter.org）

科學港發現中心，路易斯安那州士里夫波特
（www.sci-port.org）

聖路易科學中心，密蘇里州聖路易
（www.slsc.org）

美國自然史博物館，紐約州紐約
（www.amnh.org）

弗恩班克自然史博物館（www.fernbankmuseum.org）與弗恩班克科學中心（www.fernbank.edu）

太平洋科學中心，華盛頓州西雅圖
（www.pacificsciencecenter.org）

明尼蘇達科學博物館，明尼蘇達聖保羅
（www.smm.org）

墨西哥灣岸探索科學中心，阿拉巴馬州莫比爾
（www.exploreum.com）

聯合車站，密蘇里州堪薩斯市
（www.unionstation.org）

蒙特夏科學博物館，佛蒙特州諾威奇
（www.montshire.org）

探索科學廣場，德州泰勒
（www.discoveryscienceplace.org）

探索與科學博物館，佛羅里達州羅德岱堡
（www.mods.org）

奧勒岡科學與工業博物館，奧勒岡州波特蘭
（www.omsi.edu）

亞利桑那州科技中心，亞利桑那州鳳凰城
（www.azscience.org）

照片來源

本出版社特此感謝以下列表之組織或人物授權重製攝影：

（說明：b為底部、c為中間、l為左側、r為右側、t為頂部）

Earth

Getty: Chris Clor 10-11; Paul Chesley 26; Salvator Barki 27; Phil Mislinski / Stringer 28; JONATHAN NOUROK 33; Dk Fotography / EyeEm 37; Glowimages 39; Nico Tondini 41; Violetastock 45; Yury Prokopenko 49; Nigel Pavitt 56-57; ALEXANDER JOE 57; UniversalImagesGroup 65 (l).

Shutterstock: www.sandatlas.org 18 (l); Tyler Boyes 18 (r); elenaburn 19; Nido Huebl 24; Lyudmila Suvorova 32-33; shootmybusiness 42; Ruud Morijn Photographer 62-63 (l); seb001 65 (r).

Air

Getty: Daniel J. Cox 78-79; Daniel J. Cox 79 (l); Wild Horizon 80; Print Collector 81; Tim Graham 86-87; Peter Bischoff / Stringer 89; U.S. Navy 90; Bruce Bennett 90-91; Education Images 109 (t); Marcos Welsh 109 (b); Gilles Mingasson 110; Alexander Nicholson 122-123; REG WOOD 123 (t).

Shutterstock: Jens Mayer 79 (cl); Daniel Schreiber 79 (cr); Travfi 79 (r); phdwhite 84-85; Amelandfoto 104; Tomas Kotouc 105; Zhao jian kang 121; Janelle Lugge 123 (b).

Fire

Getty: NZPIX 130-131; Andrea Pistolesi 138-139; WILLIAM WEST 145; Chris Pusey 149; Pauline Bernard/EyeEm 150-151; Johner Images 152-153; Amanda Hart 153 (t); Dave King 153 (b); Richard Nichols/EyeEm 160-161; Danita Dellimont/Gallo Images 160; DEA/A. Dagli Orti/De Agostini Picture Library 161 (t); Geoff Dan 161 (cr); DEA/A. De Gregorio/De Agostini Picture Library 161 (b); Marcelo Horn 166-167; Tetra Images/Dan Bannister 166 (r); Kevin Schafer 167; Underwood Archives/Archive Photos 168 (b); Print Collector/Hulton Archive 169 (bc); Roger Viollet Collection 169 (br); Ben Osborne/The Image Bank 170-171; Peter Dazeley 173; Imagevixen/RooM 175; Ian Cuming/IKon Images 176-177; Lester Lefkowitz 176; Chris Sattlberger/Blend Images 177; Tass 178 (b); Photography of Beauty and Mystery 179.

Shutterstock: FloridaStock 174; Ververidis Vasilis 178-179; Sebastien Burel 180-181.

Water

Getty: Anton Petrus 200; Tan Yilmaz 201; Hugo 210-211; oversnap 224 (tl); DEA / PUBBLI AER FOTO/Contributor 224 (tr); manx_in_the_world 224 (bl); CampPhoto 224 (br); AAAAAAAAAA AAAAAAAA 225 (tl); Daan Steeghs / EyeEm 225 (tr); Kirill Kukhmar (cl); Daniel Arantes 225 (cr); Michael Gottschalk 225 (bl); Joe Raedle 228 (l); Sue Flood 228 (r); Enrique R Aguirre Aves 229 (t); Mint Images - Frans Lanting 229 (b); CHRIS ROUSSAKIS 233 (tl); Arterra 233 (c); PhotoAlto/Jerome Gorin 233 (bl); Rolf Hicker 238 (t); Hans-Peter Merten 238 (c); Naufal MQ 238 (b); Robin Smith 239 (tl); Adventure_Photo 239 (tr); VW Pics 239 (b); VCG 242-243; Archive Photos / Stringer 243; Images Etc Ltd 244-245.

Shutterstock: beboy 205; DNSokol 225 (br); patjo 232 (t); Suprun Vitaly 232 (b); Andrey Armyagov 233 (br); Kelly Headrick 237; photopulse 241.

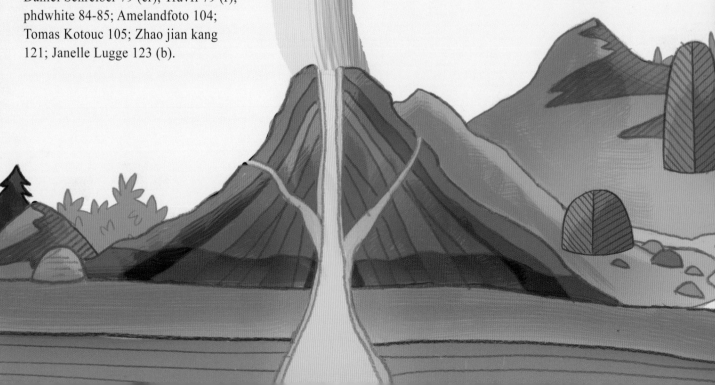